Sabine Ruthenfranz

SPIELEKISTE für Katzen

8 SPIELZEUGE ★ 50 SPIELIDEEN

KOSMOS

INHALT

WARUM SPIELEN

FÜR KATZEN SO WICHTIG IST

SPIELVERHALTEN IM LAUF DES KATZENLEBENS

Ob Katzenbaby, erwachsene Katze oder Katzensenior – jedes Alter bringt ein anderes Spielverhalten mit sich, auf welches sich der Katzenhalter einstellen sollte.

JUNGE KATZEN SIND SEHR VERSPIELT und oft reicht bereits der kleinste Reiz aus, um ein Spiel in Gang zu bringen. Ganz gleich, ob der Mensch für seine Katze ein Spielfeuerwerk der guten Laune abhält, oder ob er nur halbherzige Versuche unternimmt, mit seiner Katze zu spielen: Die Welt ist noch neu, alles ist aufregend und will erkundet werden. Deshalb ist es auch die ideale Zeit, um seiner Katze gewisse Regeln beizubringen und sich gegenseitig kennenzulernen. Angefangen beim richtigen Zeitfenster für das Spiel bis hin zum Einziehen der Krallen, sobald Menschenhände im Spiel sind.

IM LAUF DES KATZENLEBENS verändert sich jedoch das Spielverhalten der meisten Katzen. Aus den kleinen Wildfängen werden erwachsene Persönlichkeiten, die ihre ganz eigene Vorstellung von ihrem Unterhaltungsprogramm entwickeln. Mit individuellen Vorlieben für besondere Materialien, Gerüche und Größen der Spielzeuge, springen sie unter Umständen nicht mehr auf ein x-beliebiges Spielangebot ihres Menschen an. Schnell wird dann gemutmaßt, dass die Katzen keine Lust mehr auf Spiele haben. Einige Zweibeiner ziehen sich sogar fast ein wenig beleidigt zurück und überlassen ihre Katze sich selbst. Ein großes Missverständnis.

FÜR REINE WOHNUNGSKATZEN ist das Spiel mit ihren Menschen enorm wichtig. Ganz gleich, ob im Einzel- oder Mehrkatzenhaushalt – das Spiel sollte unbedingt in den Tagesablauf integriert und ein Katzenleben lang beibehalten werden. Denn auch erwachsene und sogar alte Katzen wollen noch spielen. Allerdings verändert sich das Spielverhalten mit der Zeit. Bei alten Katzen kommen eventuell gesundheitliche Einschränkungen hinzu, sodass die Spieleinheiten nicht mehr ganz so lange dauern wie in jungen Jahren. Dann muss der Zweibeiner mehr Geduld aufbringen, um seinen Katzensenior zu animieren und um sich selbst auf das Spiel mit ihm einzustellen. Erlaubt ist alles, was auch in jungen Jahren Spaß gemacht hat, der Gesundheitszustand sollte jedoch berücksichtigt werden. Ruhigere und weniger anstrengende Geschicklichkeits- oder Lauerspiele bieten auch der älteren Katze Abwechslung. Regale, Stühle oder kleine Hocker können den Aufstieg auf den Kratzbaum erleichtern und sanftes Training ermöglichen, um den Körper fit zu halten. Auch im fortgeschrittenen Alter kann man noch mit Intelligenzspielen beginnen und so für eine Bereicherung des Katzenalltags und Erhaltung der geistigen Fitness gesorgt werden. In diesem Buch finden Sie Spielideen und Anregungen dazu.

FITNESS FÜR KÖRPER UND GEIST

Gerade Wohnungskatzen brauchen viel Beschäftigung, da ihnen die natürlichen Reize, die sie draußen als Freigänger erhalten würden, fehlen. Rennen, Jagen, Klettern, Lauern, Beobachten und vieles mehr müssen in der Wohnung nachgestellt, beziehungsweise künstlich erzeugt werden.

ABWECHSLUNG UND ANREGUNG Sicherlich ist die Zeit, um mit seiner Katze zu schmusen, sie zu streicheln und zu herzen für viele Katzenhalter das Allerschönste. Wenn man sich jedoch vor Augen führt, dass die Wohnung die ganze Welt für die Katze darstellt, kann man sich vorstellen, dass das Spielen einen enorm hohen Stellenwert für das Tier einnimmt. Denn Spielen ist nicht nur Unterhaltung gegen Langeweile. Spielen hält auch Körper und Geist fit, sorgt für ein ausgeglichenes Wesen und kann die Bindung an den Menschen stärken.

Darüber hinaus sorgen Bewegung und Abwechslung auch für das seelische Gleichgewicht – und das ist genauso wichtig für ihr Wohlergehen. Denn unausgeglichene Katzen stellen durchaus mehr Unsinn an als Katzen, die einen anregenden und abwechslungsreichen Alltag haben. Ein umfassendes Unterhaltungsprogramm für die Katze zahlt sich also gleich mehrfach aus: Unterhaltung gegen Langeweile, Fitness für Körper und Geist, Stärkung des seelischen Gleichgewichts und Risikoverminderung im Katzenhaushalt.

LUST AUF BEIDEN SEITEN? Für die Beschäftigung der Katze ist es nicht ausreichend, ihr das Spielzeug einfach vor die Nase zu legen. Der Mensch muss auch bereit sein, die Spielzeuge einzusetzen und sollte aktiv mit der Katze spielen. Es gilt also nicht nur Spielzeug nach den individuellen Vorlieben der Katze zu finden, sondern in gewisser Weise auch Spielzeug für sich selbst. Es sollte attraktiv und interessant genug sein, damit man Lust zum Spielen hat, denn nur so kann der Funke überspringen. Die Katze erkennt sofort, wenn der Spielpartner nicht bei der Sache ist und das Spielzeug nur gelangweilt hin und her bewegt. Echter Spielspaß kommt nur bei ernsthaften Spielangeboten auf.

DABEISEIN IST ALLES Viele Katzen schätzen es sehr, wenn sie am Alltag ihres Menschen teilhaben dürfen. Sei es beim Bettenbeziehen, beim Bodenwischen oder bei Freizeitbeschäftigungen, wie zum Beispiel Handarbeiten, Handwerken oder der Blumenpflege. Natürlich muss man immer etwas mehr Zeit einplanen, wenn man diese Dinge gemeinsam mit seiner Katze erledigen will. Aber es lohnt sich in jedem Fall.

Es kann manchmal sogar eine willkommene Abwechslung sein, nur zuzuschauen oder schlicht und ergreifend die Zweisamkeit einfach zu genießen. Zum Beispiel beim gemeinsamen Sonnenbad, beim Frische-Luft-Schnappen oder auch anderen Aktivitäten.

Es gibt kaum etwas Schöneres, als in das interessiert und neugierig blickende Gesicht seiner Katze zu gucken, wenn man sie dazu ermutigt, mitzukommen, um mit ihr „wichtigen Arbeiten“ nachzugehen. Schließlich brauchen auch Katzen eine Aufgabe. In diesem Buch gibt es einige Spielideen, die sich gut mit der Hausarbeit kombinieren lassen.

SCHÖNE SPIELZEUGE können ebenfalls einen Anreiz geben, sich mehr mit seiner Katze zu beschäftigen. Zum Beispiel durch ein hübsches Design, das saisonal abgestimmt und nett anzusehen ist oder das besondere Themen aufgreift, die dem Menschen Freude bereiten. So kann man im Sommer mit Katzenminze gefüllte Plüschblumen spielen, im Herbst kleine

Lenkdrachen an der Katzenangel anbieten, im Winter Weihnachtsmänner und vieles mehr. Diese Spielzeuge bilden auch eine tolle Kulisse für fotografische Schnappschüsse, von denen man erfahrungsgemäß nie genug haben kann, um persönliche Nachrichten an seine Katzenfreunde zu senden. Außerdem gibt es auch Spielzeuge, die das Kind im Katzenhalter wecken. Fliegende Federn, die sich beim Fliegen an der Schnur surrend durch die Luft bewegen, machen auch dem Menschen Spaß. Oder aber Spiele mit Licht wie dem Laserpointer. Richtig angewendet spricht nichts dagegen, sich und seiner Katze den Spaß mit dem Lichtpunkt zu gönnen. Mehr dazu finden Sie im Kapitel „Spiele mit Licht und Schatten".

SELBSTGEMACHT Handwerklich begabte Katzenhalter können sich mit viel Elan auf die Gestaltung, Kombination und Weiterentwicklung von Spielideen und Spielzeugen stürzen. Denn gekaufte und gebastelte Spielzeuge können hervorragend in Kombination eingesetzt werden. Und wer etwas für seine Katze bastelt, der hat in der Regel auch viel Freude daran, das Spielzeug auszuprobieren. Kleine Minzekissen lassen sich ganz leicht nähen und aus Kartons entstehen abenteuerliche Höhlen, die von außen dekorativ bemalt werden können. Auch oder gerade Kinder haben viel Spaß dabei, etwas Nützliches für ihre vierbeinigen Freunde zu basteln. Bereits während der kreativen Umsetzung der Spielzeuge lässt sich manch eine Katze neugierig auf Testspiele ein. So ist selbst das Basteln oft schon ein Teil des Unterhaltungsprogramms.

1

2

3

WIE SPIELT MAN „RICHTIG" MIT SEINER KATZE?

Es klingt so banal, doch der Art und Weise, wie man mit seiner Katze spielt, wird häufig viel zu wenig Bedeutung beigemessen. Es gehört schon ein wenig Einfühlungsvermögen dazu, um mit einer Katze richtig zu spielen.

DAS PASSENDE ZEITFENSTER Zuerst gilt es, ein passendes Zeitfenster zum Spielen zu finden. Die Schlafenszeiten des Menschen, aber auch die der Katze eignen sich verständlicherweise wenig dazu. Am besten beobachtet man den Tagesablauf seiner Katze und definiert mehr oder weniger feste Spielzeiten, um dem Tag eine Struktur zu geben. Gerade bei Katzen, die dazu neigen, ihrem Menschen nachts auf der Nase herumzutanzen und weitestgehend ihrem eigenen Tagesablauf nachgehen, sind feste Spielzeiten eine wichtige Erziehungsgrundlage. Wer nachts nachgibt und sich auf eine Spielsession einlässt, darf sich nicht wundern, wenn die Katze das Spiel zukünftig immer wieder nachts einfordert. Besser ist es, eine geeignete Zeit zu finden und diese dann so lange strikt einzuhalten, bis sich ein gemeinsamer Rhythmus entwickelt hat, mit dem Mensch und Katze gut leben können.

SICHERHEIT UND INDIVIDUELLE VORLIEBEN Neben den Sicherheitsvorkehrungen, die bei jedem Spiel berücksichtigt werden sollten und in diesem Buch in den jeweiligen Kapiteleinleitungen zu finden sind, sollte auch die Individualität der einzelnen Katze berücksichtigt werden. Junge und sehr aktive Katzen sollten beim Spiel Gelegenheit bekommen, sich richtig auszupowern. Die ruhigeren Vertreter unter den Katzen werden in der Regel etwas länger brauchen, um in Fahrt zu kommen, sollten sich letztendlich aber auch bewegen. Hier ist viel Zeit und Geduld erforderlich. Katzen, die gerne lauern, können sehr viel Zeit damit verbringen, regungslos vor einem Spielzeug zu sitzen. Das bedeutet aber nicht, dass sie keine Lust haben, zu spielen. Beobachtet man ihre Körpersprache, erkennt man den Spiel- oder Jagdmodus problemlos und kann die Katze dann schrittweise vom Lauer- zum Bewegungsspiel umleiten. Schüchternen Katzen sollten eher kleine, mausgroße Spielzeuge angeboten werden, um beim Spiel Selbstvertrauen aufbauen zu können. Auch Katzenangeln können bei ihnen gut funktionieren, da sie ihnen eine gewisse Distanz gewähren.

LIEBLINGSSPIELZEUGE KENNENLERNEN Auch Katzen haben Vorlieben, wenn es um Spielzeuge geht: Es gibt Bällchenjunkies und diejenigen, die keinem Karton widerstehen können; Baldrian- und Katzenminzeliebhaber und Katzen, die sich gar nicht für berauschende Katzenkräuter zu interessieren scheinen. Mit der Zeit weiß man, welche Spielzeuge die eigene Katze am liebsten mag. Dennoch können sich

diese Vorlieben ändern. Baldrian- und Minzespielzeuge haben nicht alle die gleiche Qualität. Produkte aus älterem Lagerbestand, eine nicht ausreichende Befüllung oder mangelnde Qualität der Katzenminze oder des Baldrian, können zur Folge haben, dass die Katze das Spielzeug ignoriert. Es lohnt sich, Alternativen bzw. neue Spielzeuge auszuprobieren.

EIGENE SPIELMOTIVATION UND GEDULD

Katzen sind Lebewesen und können nicht auf Knopfdruck in den Spielmodus geschaltet werden. Der Mensch sollte sich genügend Zeit zum Spielen nehmen und dazu gehört auch, bestimmte Spielbewegungen einmal langsam auszuführen und an die Reaktion der Katze anzupassen. Wer schon einmal eine Maus beobachtet hat, wird festgestellt haben, dass sie abwechselnd blitzschnelle und langsame Bewegungen ausführt, sich versteckt und plötzlich wieder auftaucht. All das kann im Spiel nachgeahmt werden. Spielzeuge werden oft erst dadurch interessant, wenn sie aus dem Blickfeld der Katze verschwinden oder ihre Bewegungen einfrieren. Bewegungen unter dem Teppich, hinter einem Vorhang oder einem Mauervorsprung sind demnach extrem spannend für Katzen. Spannt die Katze ihre Muskeln an und bekommt große, schwarze Pupillen, während sie das Spielzeug aufmerksam beobachtet, kann man davon ausgehen, dass sie am Spiel Gefallen findet.

MAUSSPIELE –

LAUERN UND JAGEN IM WOHNZIMMER

AUS DIE MAUS? – DAS LIEBSTE SPIEL

Was könnte sich für Katzen besser eignen, als eine Spielzeugmaus, die der natürlichen Beute der Katzen entspricht? Kein Wunder, dass diese Spielzeuge zu den Klassikern im Katzenhaushalt gehören. Je nach Vorlieben wird die eine Maus heiß und innig geliebt, während andere verschmäht werden.

MAUS IST NICHT GLEICH MAUS! Da gibt es große und kleine Mäuse, Mäuse aus Filz, mit Fell, rappelnde Mäuse, zappelnde Mäuse und sogar fiepende. Nicht zu vergessen Mäuse mit Katzenminze- oder Baldrianfüllung, die so manch eine Katze vor Glückseligkeit sabbern lassen. Welche Spielzeugmaus zum Einsatz kommt, entscheidet ganz allein die Katze. Deshalb ist es ratsam, verschiedene Größen, Formen und Materialien auszuprobieren, um ihre Vorlieben kennenzulernen. Wurde die Lieblingsmaus gefunden, kann es jedoch sein, dass der Spielspaß nicht von Dauer ist und die Katze im Lauf der Zeit das Interesse verliert. Stattdessen kann ein bisher uninteressantes und gänzlich unbeachtetes Spielzeug in den Fokus rücken und das Spiel beginnt von vorn, bis auch dieses Spielzeug ausgedient hat. Es lohnt also in jedem Fall, auch bisher unbeliebte Spielzeuge aufzubewahren und diese von Zeit zu Zeit neu anzubieten.

MATERIAL UND BESCHAFFENHEIT Das Material, aus dem die Mäuse bestehen, sollte selbstverständlich ungiftig sein und auch wilderen Spielattacken standhalten. Lösliche Teile haben an Spielzeugmäusen nichts verloren und sollten im Falle eines Falles vor dem Spiel entfernt werden. Die Gefahr des Herunterschluckens ist einfach zu groß. Es gibt Spielzeugmäuse von minderwertiger Qualität, aus denen bereits nach kurzer Zeit das Innenleben in Form von Steinchen, Füllwatte und anderem Material herausquillt, sodass mit diesen Produkten besser nur unter Aufsicht gespielt werden sollte. Im Anschluss wird das Spielzeug für die Katze unzugänglich verwahrt.

ZU ZWEIT AUF DER JAGD Wer denkt, dass es ausreicht, seiner Katze ein paar Spielzeugmäuse vor die Nase zu legen, um sie zu beschäftigen, der irrt sich. Sicherlich gibt es viele Katzen, die gelegentlich im Alleingang auf große Mäusejagd gehen. Dennoch sollte das gemeinsame Spiel keine Seltenheit sein. Nur durch gemeinsames Spiel wird die Bindung an den Zweibeiner verbessert. Darüber hinaus ist die Animation durch den Menschen eine willkommene Abwechslung im häufig öden Wohnungsalltag. Übrigens: Ängstliche Katzen sind mit einer eher kleinen, originalgetreuen Spielzeugmaus oft besser bedient. Denn ist die Spielbeute zu groß, kann sie schüchterne Katzen verunsichern und vom Spiel abhalten.

MAUSELOCH

Vor dem künstlichen Mauseloch steigt die Erwartung ins Unermessliche und Mieze lauert mit großen Pupillen.

EINE LEERE PAPPROLLE vom Küchenpapier, eine etwa 40 cm lange Kordel und eine Spielzeugmaus können mit etwas Geschick zu einem wunderbaren Mauseloch umfunktioniert werden. Das Ergebnis bietet der Katze (Geduld des Zweibeiners vorausgesetzt) jede Menge Lauerspaß und Erfolgserlebnisse beim Fangen der Maus.

❶ LÖCHER BOHREN Sie bohren mit einem spitzen Gegenstand zwei gegenüberliegende Löcher in eine leere Küchenpapierrolle.

❷ FESTGEBUNDEN Dann wird das Schwänzchen einer kleinen Spielzeugmaus an die Kordel geknotet.

❸ WIDERSTAND Damit beim Ziehen ein Widerstand entsteht, wird das Ende der Kordel von innen in die Papprolle durch eines der Löcher nach außen gefädelt.

❹ FÄDELARBEITEN Anschließend wird die Kordel außen um die Papprolle gelegt und durch das zweite Loch wieder nach innen gefädelt. Dann aus der gegenüberliegenden Öffnung der Papprolle nach außen führen, sodass sich auf der einen Seite das Kordelende und auf der anderen Seite die Spielzeugmaus befindet.

❺ RUCKZUCK IM MAUSELOCH Mit einer Hand hält man die Papprolle fest und die Maus wird auf der Seite der Katze platziert. Mit der anderen Hand zieht man ruckartig an der Kordel, sodass die Maus stückweise in der Papprolle verschwindet.

TRAINIERT: Tastsinn und Geschicklichkeit
ERMÖGLICHT: ausgiebigen Lauerspaß
GEEIGNET FÜR: Senioren und ruhigere Katzen

MAUSVERFOLGUNG

Die Hausarbeit erledigen und „ganz nebenbei“ für Spielspaß mit Katze sorgen, auch wenn die Zeit mal knapp ist.

MÄUSE STEHEN HOCH IM KURS, allerdings lässt es sich mit Spielzeugmäusen am besten gemeinsam spielen. Auch wenn die Zeit etwas knapper ist und die Hausarbeit wartet, kann man mit der Mausverfolgung zwei Fliegen mit einer Klappe schlagen. Denn während der Zweibeiner die Arbeit erledigt, beobachtet Mieze gespannt das Geschehen.

❶ VERLÄNGERUNGSSCHNUR Knoten Sie eine etwa drei Meter lange Kordel an das Schwänzchen einer Spielzeugmaus. Wichtig ist, dass die Kordel lang genug ist, um beim Spiel ausreichend Distanz zwischen den Füßen und der Katze zu gewährleisten.

❷ FUSSFESSEL Nun wird das Ende der Kordel um Ihr Fußgelenk gebunden. Lassen Sie die Maus kurz zappeln, um Ihre Katze zum Spiel aufzufordern.

❸ ABGESCHLEPPT Während Sie Ihre Hausarbeit erledigen und in der Wohnung herumlaufen, wird die Maus ruckartig hinterhergezogen. Dabei sollten Sie sich gelegentlich der Katze zuwenden und sie zum Weiterspielen animieren.

❹ VERFOLGUNGSJAGD Die Katze kann die Maus belauern und schlussendlich fangen.

TRAINIERT: Beweglichkeit und Geschicklichkeit
ERMÖGLICHT: Beschäftigung während der Hausarbeit
GEEIGNET FÜR: junge, aktive Katzen

WOHNZIMMERSAFARI

Mit Couchelementen, Kissen und Decken bietet das Wohnzimmer eine abwechslungsreiche Spiellandschaft, die immer wieder neu entdeckt werden kann.

WER ERINNERT SICH NICHT an die abenteuerlichen Spielstunden zwischen Kissenburgen und Deckenhöhlen im elterlichen Wohnzimmer? Auch Katzen lieben diese Umgebung für ausgelassene Spiele, die entweder ganz gezielt gebaut oder während des Hausputzes genutzt werden können. Bei der Untersuchung des aufgerollten Teppichs, der Erkundung neuer Ritzen, bis hin zum Entdecken aufregender Mausverstecke kommt die Katze ganz sicher auf ihre Kosten. Beim Hausputz sollte Zeit für die Erkundungstour der Katze eingeplant werden oder man macht es sich gemütlich, um den Spielspaß gemeinsam zu genießen.

❶ **VERRÜCKT** Sofa von der Wand abrücken, sodass ein katzenbreiter Schlitz entsteht.

❷ **UMFUNKTIONIERT** Sitzkissen vom Sofa abnehmen und daraus mit Decken Höhlen bauen.

❸ **ZWECKENTFREMDET** Teppiche aufrollen und als Rampe auf die Sitzfläche des Sofas legen.

❹ **AUF ZUR SAFARI** Auf den neu entstandenen Wegen und in den Höhlen Spielzeugmäuse verstecken und von der Katze suchen lassen.

TRAINIERT: Beweglichkeit und Tastsinn
ERMÖGLICHT: Beschäftigung während der Hausarbeit
GEEIGNET FÜR: Katzen, die an das Spielen herangeführt werden

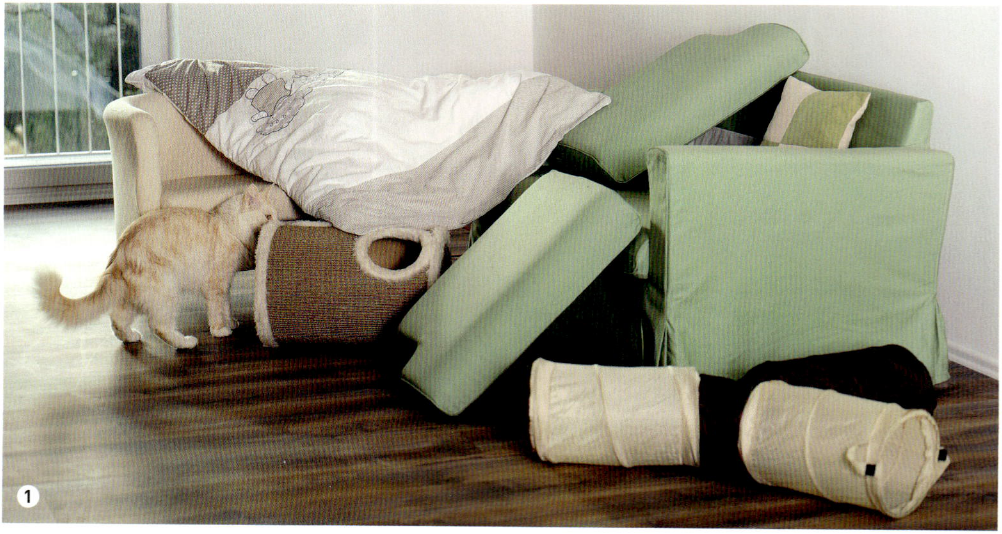
1

KISSENPARCOURS

Kissentürme und Labyrinthe lassen sich mit ein paar Handgriffen aufbauen und sorgen für Abwechslung mit Fitnessfaktor im Wohnzimmer

GROSSE, KLEINE, FLACHE, WEICHE UND FESTE KISSEN – allesamt sind gut geeignet, um daraus einen spannenden Kissenparcours zu bauen. Je nach Temperament der Katze kann dieser schwieriger und wackeliger oder leichter und stabiler aufgestellt werden. Ausgestattet mit ein paar Mäusen lässt sich daraus ein unterhaltsames Abendprogramm für seine Katze gestalten, das ebenso schnell wieder abgebaut werden kann, wie es aufgebaut wurde.

1

❶ KISSENBERG Suchen Sie einige Kissen unterschiedlicher Größe zusammen, die an einem Ort mit ausreichend Platz gesammelt werden. Stapeln Sie diese der Größe nach (sortiert von groß nach klein) aufeinander.

❷ FLAUSCHIGER PARCOURS Neben den Kissentürmen wird mit weiteren Kissen ein Parcours gelegt, auf dem die Katze zwischen Kissen hindurchlaufen und über die Kissentürme klettern muss.

❸ ENERGIE FÜR GIPFELSTÜRMER Gegebenenfalls die Katze mit Leckerchen zum Klettern animieren.

❹ AUF ENTDECKUNGSTOUR Zwischen den Kissen können Sie Mäuse verstecken und die Katze entweder von Hand oder mit einer Maus an der Kordel durch den Parcours lotsen.

2

TRAINIERT: Beweglichkeit und Geschicklichkeit
ERMÖGLICHT: Fitness im Wohnzimmer
GEEIGNET FÜR: aktive Katzen, ältere Katzen

LECKERCHENSUCHE

Nicht jede Katze springt sofort auf die Spielangebote des Menschen an. Gesunde Leckereien und Spielzeugmäuse sind gut geeignet, um den Spieltrieb anzuregen.

SPIELEN Bewegung und Spiel ist gerade für Wohnungskatzen enorm wichtig, denn damit wird nicht nur Langeweile vorgebeugt, sondern auch geistige und körperliche Fitness trainiert. Dennoch scheint es, dass manche Katzen die Lust am Spiel verloren haben. In diesem Fall ist der Mensch gefragt, die Lust am Spiel zu wecken und der Katze Schritt für Schritt das Spielen schmackhaft zu machen. Spielzeugmäuse, aber auch andere kleine Spielzeuge, die die Katze interessant findet, können in Kombination mit Leckereien das Interesse der Katze wecken. Man sollte allerdings darauf achten, dass die Leckerchen unter Umständen von der Tagesration des Futters abgezogen werden, um Übergewicht zu vermeiden. Bei jungen Schlanken fällt es nicht so sehr ins Gewicht, bei gemütlichen Moppeln jedoch schon.

❶ **KATZEN-BONBONS** Legen Sie im Beisein der Katze kleine Stückchen ihrer Lieblingsleckerchen aus und lassen Sie sie daran schnuppern, bis ihr Interesse daran geweckt ist.

❷ **LOCKVOGEL MIT HÄPPCHEN** Nehmen Sie eine Spielzeugmaus, bewegen Sie diese kurz im Blickfeld der Katze und ziehen Sie sie dann entlang der Leckerchenstrecke. Verfolgt die Katze die Maus, darf sie in Etappen die Belohnung fressen.

❸ **WIEDERENTDECKT** Nach mehreren Spielsessions sollte die Katze den Spaß am Spiel entdeckt haben, sodass die Leckerchen nun durch Aufmerksamkeit und Lob ersetzt werden können.

ÜBRIGENS Die Aufmerksamkeit der Katze erhält man nicht durch wildes Umherzappeln von Spielzeugen. Und das schon gar nicht direkt vor der Nase der Katze. Stellen Sie sich auf die Stimmung Ihres Tiers ein und steigern Sie langsam das Tempo.

EIN TIPP Legen Sie Wert auf hochwertige Leckereien, denn beliebte und schmackhafte Snacks müssen nicht ungesund sein. Auch einzelne Bröckchen eines hochwertigen Trockenfutters lassen sich als Belohnung einsetzen. Darüber hinaus lohnt es sich, sich einmal die Mühe zu machen, den exakten Futterbedarf und die zusätzlichen Kalorien auszurechnen. So werden mollige Katzen nicht noch dicker und die idealgewichtigen unter ihnen behalten ihre schlanke Figur.

TRAINIERT: Geschicklichkeit
ERMÖGLICHT: Neuentdecken von Spaß am Spiel
GEEIGNET FÜR: Katzen, die an das Spielen herangeführt werden

1

2

3

4

BALLSPIELE –

FÜR TORSCHÜTZEN UND DRIBBELKÜNSTLER

LIEBLINGSBÄLLE

Kleine Spielbälle gibt es in allen erdenklichen Größen, Formen und Materialien. Neben dem taktilen Reiz auf den die Katze mehr oder weniger anspricht, ist auch das Spiel entscheidend, ob eher der eine oder doch lieber der andere Ball zum Einsatz kommt. Es lohnt sich also, verschiedene Exemplare vorrätig zu halten, um je nach Spielidee und Laune der Katze den passenden Ball parat zu haben.

LEICHTE BÄLLE aus weichem Schaumstoff lassen sich beispielsweise gut apportieren und bleiben beim Spiel leicht an den Krallen der Katze hängen. Es gibt Katzen, die mit besonderer Vorliebe diese Bälle mit einer Kralle packen und im Alleingang mit viel Elan durch die Wohnung schleudern. Feste Gummibälle hingegen fliegen besonders weit und bewegen sich teils wie Flipperkugeln von Ecke zu Ecke. Sie lassen sich gut werfen und jagen. Dafür sind sie aufgrund ihres Gewichts und der Festigkeit nicht so gut zum Apportieren geeignet. Ganz im Gegensatz zu den beliebten, kleinen Fellbällchen: Diese mit Plüschfell überzogenen Spielzeuge stehen bei vielen Katzen besonders hoch im Kurs. Insbesondere dann, wenn sie im Inneren herrlich rappeln, sobald sie durch die Gegend gekickt werden. Aufgrund ihrer Größe und ihrer Oberflächenbeschaffenheit lassen sie sich offenbar prima im Mäulchen transportieren und sind demnach ein gutes Apportierspielzeug. Je nach Qualität sollte auch hier nur unter Aufsicht gespielt werden, da sich gelegentlich das Fell ablöst und das Innenleben der Bällchen hervortritt, das keinesfalls verschluckt werden sollte.

TISCHTENNIS- ODER WASSERBALL Es gibt auch Alternativen aus dem menschlichen Umfeld: Tischtennisbälle sind beispielsweise vielfältig einsetzbar. Aufgrund ihrer Beschaffenheit eignen sie sich besonders gut für schnelle Spiele, zum Beispiel in der Badewanne, oder als leichte Schwimmkugeln im Wasserbecken. Die großen und schweren Tennisbälle hingegen sind eher etwas zum Herumkugeln, Kämpfen und Hinterherjagen. Es spricht auch nichts dagegen, einen Wasserball einzusetzen, den die Katze vor sich herrollen kann.

BALLMIX

Spielzeugbälle gibt es wie Sand am Meer, doch jede Katze hat ihre eigenen Vorlieben. Zeit herauszufinden, welche Spielobjekte für sie am spannendsten sind.

SPIELZEUGBÄLLE gibt es in vielen verschiedenen Größen und Materialien. Welcher Ball der richtige ist, entscheidet jedoch jede Katze selbst. Soll es ein kleiner Fellball mit Rassel sein oder doch lieber ein leichtes Bällchen aus Schaumstoff? Ist die Katze ein Dribbelkünstler oder apportiert sie sogar? Vielleicht ist es auch gar kein Ball, sondern eine Walnuss, die sich Ihre Katze als Lieblingsspielzeug aussucht?

❶ BALLSUCHE Suchen Sie im Beisein der Katze Spielzeugbälle und ballähnliche Spielobjekte zusammen. Unter dem Sofa finden sich sicherlich noch ein paar vergessene Modelle, die schon länger nicht mehr zum Einsatz gekommen sind.

❷ DIE QUAL DER WAHL Platzieren Sie alle Objekte in einer Reihe auf dem Fußboden und überlassen Sie ihr die Wahl, welches Spielzeug zum Einsatz kommen soll.

❸ LIEBLINGSSTÜCK Die Katze darf sich nun das Spielzeug aussuchen, auf das sie an diesem Tag, in diesem Moment am meisten Lust hat. Oder der Zweibeiner eröffnet die Spielsession und motiviert zum Spiel.

❹ NEUES SPIEL, NEUES GLÜCK Beziehen Sie die Spielzeuge, die nicht ausgewählt werden, beim nächsten Mal unbedingt wieder mit ein. Denn wer weiß – vielleicht hat Mieze später Lust auf ein anderes Spielzeug?

TRAINIERT: Tastsinn und Geschicklichkeit
ERMÖGLICHT: Abwechslung bei der Spielzeugwahl
GEEIGNET FÜR: junge, aktive Katzen

2

3

SCHUBLADENSAFARI

Der Gelegenheit, die Geheimnisse einer sonst verschlossenen Schublade zu erkunden, kann kaum eine Katze widerstehen.

EINE SCHUBLADE lässt sich in nahezu jedem Haushalt finden. Voraussetzung für die Schubladensafari ist jedoch, dass sich die Schublade in einem Schrank mit sicherem Stand befindet und durch das Gewicht der Katze nicht ins Kippen gerät. Natürlich sollten gefährliche Gegenstände vor dem Spiel aus der Schublade entfernt werden. Dann steht der Expedition mit Ball nichts mehr im Weg. Alternativ geht auch eine Kiste.

1

2

❶ AB INS SCHUBFACH Platzieren Sie den Spielzeugball so in einer Schublade, dass er von der Katze leicht gesehen werden kann und bei Berührung am Grund der Schublade verschwindet.

❷ ABTAUCHEN Die Katze kann nun den Ball angeln, der immer weiter in den Tiefen der Schublade verschwindet.

❸ MITTENDRIN Wenn die Katze an dieser Stelle noch nicht neugierig im Schubfach sitzt oder die Schublade etwas schwieriger zu erreichen ist, kann man sie in die Schublade setzen.

❹ GEHEIME ORTE Ist der Spalt an der Rückseite der Schublade groß genug, sodass die Katze dahinter klettern kann, spricht nichts dagegen, sie auch diesen geheimnisvollen Bereich erkunden zu lassen.

3

TRAINIERT: Tastsinn und Geschicklichkeit
ERMÖGLICHT: Erkundung unbekannter Orte
GEEIGNET FÜR: ruhige Katzen, ältere Katzen

FUSSBALL FÜR DRIBBELKÖNIGE

Katze vor, noch ein Tor! Es gibt einige Katzen, die man sich gut in der Fußballmannschaft seines Lieblingsvereins vorstellen kann.

ZUM FUSSBALLSPIEL mit seiner Katze nutzt man freilich nicht das bekannte „runde Leder". Kleine Spielzeugbälle, die von allein nicht so weit rollen, sind besser geeignet, denn sie müssen von Mensch und Katze immer weitergekickt werden. Kleine Fellbälle mit Rassel können zum Beispiel wunderbar geschossen werden, bleiben aber auch in sichtbarer Entfernung liegen und laden zum erneuten Pass ein.

❶ ERÖFFNUNG Nehmen Sie gemeinsam mit Ihrer Katze auf dem Fußboden Platz und eröffnen Sie das Spiel in ihrer Nähe mit leichten Stößen von Hand.

❷ WARM SPIELEN Spielen Sie den Ball von der linken Hand zur rechten. Schütteln Sie den Ball hin und wieder, damit er rappelt, bis die Aufmerksamkeit der Katze geweckt ist und sie sich am Ballspiel beteiligt.

❸ PÄSSE Sobald Ihre Katze in das Spiel einsteigt, spielen Sie ihr leichte Pässe zu, und lassen diese zurückspielen. Wenn das Spiel im Gang ist, kann der Zweibeiner auch auf Socken mit den Füßen sachte weiterspielen.

❹ FÜR STÜRMER Das Tempo kann je nach Temperament und Aktivität der Katze gesteigert werden.

❺ AUSWECHSELSPIELER? Achten Sie dabei auf die Mentalität Ihrer Katze und geben Sie ihr ruhig mehr Zeit, um in Fahrt zu kommen, wenn sie diese benötigt. Gerade ängstliche Katzen kann man durch zu wildes Spiel erschrecken. Gehen Sie behutsam vor und spielen Sie den Ball anfangs nie direkt auf die Katze zu. Eventuell hat sie vorerst auch Spaß daran, Ihnen beim Ballspiel zuzusehen, bis sie sich daran beteiligt.

EIN TIPP Im Lauf der Zeit sammeln sich viele verschiedene Spielzeugbälle an, die manchmal auf den ersten Blick uninteressant scheinen. Beim Fußballspiel lohnt es sich, diese Spielzeuge wieder hervorzuholen und ihnen eine zweite Chance zu geben. Denn manch ein Bällchen wird erst in einem besonderen Spielzusammenhang zu einem interessanten Spielobjekt. Darüber hinaus lässt sich auch gut mit unterschiedlichen Materialien spielen, die sich in Haptik, Geruch und den Geräuschen, die sie erzeugen, unterscheiden.

TRAINIERT: Beweglichkeit und Geschicklichkeit
ERMÖGLICHT: Anpassung an das Aktivitätslevel der Katze
GEEIGNET FÜR: junge, aktive Katzen, übergewichtige Katzen

1

2

3

4

ANGELSPIELE –

SPIELSPASS AM BODEN UND IN DER LUFT

ANGELSPASS FÜR SAMTPFOTEN

Angeln sind vielfältige Spielzeuge, die sich wunderbar einsetzen lassen, um mit der Katze auf Distanz zu spielen. Entweder, weil die Katze noch sehr scheu ist und den Kontakt zum Menschen als bedrohlich empfindet, oder aber, weil die Katze als kleiner Wildfang ihre Krallen (noch) nicht unter Kontrolle hat und man so mit ihr spielen kann, ohne Kratzer zu riskieren.

SIMULIERTE JAGD Darüber hinaus lassen sich durch Angelspiele am Boden oder in der Luft gut Jagdsituationen nachstellen, die nahezu jede Katze zum Spiel animieren. Austauschbare Angelanhänger sind praktisch, um das Spielzeug auf den Einsatz am Boden und in der Luft anzupassen.

DIE RICHTIGE RUTE Bei Angelruten ist zu berücksichtigen, dass diese im Eifer des Gefechts auch gefährlich werden können. Allzu feste oder gar spitze Angelruten sollten deshalb nicht eingesetzt werden. Biegsame Ruten aus Kunststoff sind denen aus Holz in jedem Fall vorzuziehen. Angelruten aus Draht machen fast von selbst unberechenbare, ruckartige Bewegungen, die den Spieltrieb der Katze herrlich anfeuern. Aber auch hier ist Vorsicht geboten: Bei solchen Drahtspielzeugen sollte das Spielobjekt am Ende stumpf und möglichst weich sein, damit die Augen der Katze beim Spiel nicht unnötigen Gefahren ausgesetzt werden.

BESCHAFFENHEIT DER BÄNDER Die Schnüre oder Kordeln, die an den Angelruten befestigt sind, können beim Hineinbeißen während des Spiels Zahn- und Zahnfleischverletzungen verursachen. Hier haben sich dickere Kordeln oder feste Lederschnüre bewährt, die für die Katze auch geruchlich interessant sind.
Elastische Gummi- oder auch Fleecebänder hingegen bergen die Gefahr, dass sich die Katze darin verheddert und können darüber hinaus bei unvorsichtiger Anwendung zu einem Geschoss werden. Dann nämlich, wenn die Katze in das Ende des Bandes hineinbeißt und das Spielzeug nicht mehr loslassen möchte und der Mensch auf der anderen Seite vorerst festhält, bis das Band unter Spannung steht und dann die Angel (aus Versehen) loslässt.

MIT TÖNEN? Es gibt auch Katzenangeln mit Soundeffekten, die jedoch behutsam eingesetzt werden sollten, da nicht jede Katze positiv auf die Geräusche reagiert. Handelt es sich um ein Spielzeug mit Batteriebetrieb, kann es durchaus sein, dass Mieze entsetzt das Spielfeld räumt, da ihr das schrille Piepen unheimlich erscheint.
Federanhänger, die bei Bewegung in der Luft flatternde Vogelgeräusche von sich geben, sind bei Katzen äußerst beliebt. Auch leise rappelnde Perlen im Inneren der Angelrute oder knisternde, lange Angelbänder werden gern angenommen.

SCHLANGE AM BODEN

Aufregend schlängelt sich das Band der langen Spielangel über den Fußboden und sorgt bei Mieze für höchste Aufmerksamkeit.

EINE KATZENANGEL mit extralanger Schnur oder noch besser, einem langen Fleeceband, lässt sich mühelos in Schlangenlinien über den Boden bewegen. Hektisches „Herumfuchteln“ ist hierbei nicht gefragt, schließlich geht es darum, die Bewegung potenzieller Beutetiere nachzuahmen und die Spannung gefühlvoll in die Höhe zu treiben. Mal verschwindet die Schlange hinter einer Ecke und taucht dann unverhofft an anderer Stelle wieder auf. Mal bewegt sie sich unter einer Decke. Und mal friert die Bewegung vollkommen ein.

❶ SCHLANGENLINIEN „Zeichnen“ Sie mit der Spielangel langsam Schlangenlinien am Boden, sodass sich die Schnur wie eine Schlange über den Boden schlängelt. Bewegen Sie sich dann mit dem Spielzeug langsam laufend im Zimmer fort.

❷ EINGEFROREN Verschwinden Sie hinter Türen oder in Zimmerecken und frieren Sie die Bewegung gelegentlich ein, bis der Spieltrieb der Katze geweckt ist.

❸ GEFANGEN Wiederholen Sie die Sequenzen, bis sich die Katze auf die Beute stürzt und diese gefangen hat. Das Spiel kann nun von vorn beginnen.

TRAINIERT: Geschicklichkeit
ERMÖGLICHT: Spielen auf Distanz
GEEIGNET FÜR: aktive Katzen, ältere Katzen

SCHNURPARCOURS – WEGE VORGEBEN

Mit der Katzenangel werden Wege vorgegeben, die die Katze am Boden oder über Möbelstücke hinweg verfolgen soll.

GANZ GLEICH OB SOFA, Sessel oder Kratzbaum – alles kann in den Parcours mit einbezogen werden. Dabei muss die Umgebung noch nicht einmal zwingend verändert werden. Ziel ist es, die Katze zur Bewegung zu animieren und dabei das Tempo dem Fitnessstatus der Katze anzupassen. Kratzbaum hinauf- und wieder hinunterklettern, ein Sprung auf das Regal: Erlaubt ist alles, was die Katze körperlich kann und was sie mit Spaß bewerkstelligen kann. Ein Blick in die Augen der Katze lässt leicht erkennen, ob sie auf diese Spielaufforderung eingeht. Die Angel langsam über Sofa, Kratzbaum und Stühle führen. Die Bewegungen immer mal wieder einfrieren und sich der Katze zuwenden.

❶ MAL SCHNELL, MAL LANGSAM Variieren Sie die Geschwindigkeit und fordern Sie die Katze auf, der Spielangel zu folgen. Locken Sie sie gegebenenfalls mit Leckerchen.

❷ SCHNELLER Wenn die Katze auf das Spiel eingegangen ist, kann die Spielgeschwindigkeit sachte gesteigert werden, um die Fitness zu trainieren.

TRAINIERT: Beweglichkeit
ERMÖGLICHT: Steigerung der körperlichen Fitness
GEEIGNET FÜR: übergewichtige Katzen, aktive Katzen

1

2

3

4

SPIRALE IN DER LUFT

Wie beim Kunstturnen lässt sich das lange Band der Katzenangel durch die Luft wirbeln und animiert die Katze zu Freudensprüngen.

EINE EXTRALANGE SPIELANGEL mit Fleeceband und möglichst elastischer Rute sorgt bei der „Spirale in der Luft" für jede Menge Spaß auf beiden Seiten. Denn die Angel kann ähnlich der Banddisziplin beim Kunstturnen fast schon tänzerisch durch die Luft geschwenkt werden, sodass optisch ansprechende Formen entstehen. Aus leichten Bändern an der Angelrute lassen sich durch die Bewegung besonders schöne Formen in die Luft zeichnen, die immer wieder langsam auf den Boden zurückkehren, um dann vor den Augen der Katze erneut nach oben zu schweben.

❶ **LANGSAME KREISE** Bewegen Sie die Spielangel locker über den Boden und ziehen langsame Kreise, bis das Band sich am Boden zu einer Spirale geformt hat.

❷ **SPIRALEN** Wenn die Aufmerksamkeit der Katze geweckt ist, wird die Spielangel etwas stärker bewegt. Lassen Sie die Spirale nun auch in der Luft kreisen.

❸ **ABSTAND HALTEN** Dabei sollte die Spirale nicht zu nah am Kopf der Katze oder an den Augen fliegen, damit sie sich nicht wehtun kann.

❹ **AN HÖHE GEWINNEN** Die Spirale abwechselnd abheben und wieder landen lassen, bis die Katze das Band fängt. Versucht die Katze auf den Hinterbeinen stehend das Band zu fangen, können Sie die Höhe etwas verringern, damit sie eine Chance hat, das Band zu fangen.

EIN TIPP Eine extralange Spielangel lässt sich auch mit anderen Stoffen selbst herstellen. Kombinieren Sie verschiedene Materialien, die sich in Haptik, Geräusch und Geruch unterscheiden. Geeignet sind aus Plastiktüten geschnittene Streifen, die mit Klebeband auf beliebige Länge aneinandergeklebt werden können. Oder aber auch Stoff- und Lederreste, Kordeln aus übrig gebliebener Wolle oder starre Sisalbänder. Jedes Material zeichnet sich durch besondere Eigenschaften aus, die Sie im Spiel mit Ihrer Katze ausprobieren können.

TRAINIERT: Beweglichkeit
ERMÖGLICHT: Steigerung der körperlichen Fitness
GEEIGNET FÜR: übergewichtige Katzen, aktive Katzen

ANGELSCHLEUDERN

Die Schnur der Katzenangel saust nebst Anhänger über den glatten Boden und animiert die Katze in Windeseile zum Spiel.

1

2

AUF EINEM GLATTEN FUSSBODEN (Laminat, Parkett oder Fliesen) lässt sich die Angelschnur mitsamt Anhänger geräuschvoll in Bewegung setzen. Denn der Bewegungskontakt der Rute auf dem Boden macht schleifende Geräusche, die die Aufmerksamkeit von so manch einer Katze auf sich ziehen. Mit hoher Geschwindigkeit saust die Angelschnur mit dem Anhänger über den Boden und wird dabei von Mieze genau beobachtet. Spätestens, wenn die Bewegungen der Angel erstarrt sind, dürften sich die Pupillen der Katze stark vergrößert haben und ihr Interesse geweckt sein.

❶ **SCHLEUDERN** Am Boden sitzend oder liegend wird die Katze zum Spiel aufgefordert, indem man die Angelschnur am Boden in Richtung der Katze „schleudert".

❷ **KRATZGERÄUSCHE** Während des Schleuderns schabt man mit der Spielangel so über den Boden, dass Geräusche entstehen. Halten Sie genügend Abstand, denn wenn die Katze lauert, sollte sie nicht mit dem Spielzeug in Berührung kommen.

❸ **NOCH MAL** Bewegen Sie die Katzenangel zwischen den Schleuderbewegungen kreisförmig am Boden und beginnen wieder von vorn.

TRAINIERT:	Beweglichkeit und Geschicklichkeit
ERMÖGLICHT:	Steigerung der körperlichen Fitness
GEEIGNET FÜR:	junge, aktive Katzen

ANGELANIMATION

Mieze hat keine Lust zu spielen? Da hilft nur ein Animationsprogramm mit einer Extraportion Aufmerksamkeit und vollem „Körpereinsatz" des Dosenöffners.

ES GIBT ZEITEN, da ist das Körbchen einfach so gemütlich, dass die Spielangebote des Zweibeiners ausgeschlagen werden. Mit der Angelanimation kann es gelingen, die Katze aus ihrer Lethargie zu locken und sie vom Spiel zu überzeugen. Wichtig ist, den passenden Zeitpunkt zu wählen. Die Katze sollte nicht tief schlafen oder gerade fressen, sondern wach und spielbereit sein. Da das Spiel mit der Katzenangel unter Umständen Fahrt aufnimmt, ist es für den Zweibeiner empfehlenswert, auf Antirutschsocken zu spielen.

❶ SPANNUNG ERHÖHEN Die Aufmerksamkeit der Katze wecken, indem man in ihrer Nähe mit der Spielangel langsame Bewegungen ausführt.

❷ VERSTECKEN Ist die Aufmerksamkeit geweckt, kann man die Spielangel hinter sich herziehen. Laufen Sie von der Katze weg und verstecken Sie sich, sodass nur noch die Schnur bzw. der Anhänger der Spielangel zu sehen ist.

❸ ANGEL IM FOKUS Verschwinden Sie hinter Türen und Vorhängen oder in Zimmerecken. Werden Sie unsichtbar und rücken Sie nur die Spielangel in das Sichtfeld der Katze.

TRAINIERT: Beweglichkeit und Geschicklichkeit
ERMÖGLICHT: Steigerung der körperlichen Fitness
GEEIGNET FÜR: gemütliche Katzen

PAPIER-,

KARTON- UND PAPPROLLENSPIELE

ES RAPPELT IM KARTON

Es ist kein Geheimnis, dass die meisten Katzen ganz verrückt nach Pappkartons sind. Ganz gleich ob Schuhkarton, Taschentuchbox oder Bananenkiste, von Kartons scheint ein unglaublich starker Reiz auszugehen. Diese Faszination können wir uns beim Spiel mit der Katze zunutze machen.

VERSCHIEDENE MATERIALIEN Aber nicht nur Kartons, auch zerknülltes Zeitungspapier, leere Toilettenpapier-, Küchen- oder Geschenkpapierrollen, Papiertüten, Pappschachteln und Luftschlangen lassen das Herz manch einer Katze höher schlagen.
Pappe lässt sich sogar als Kratzutensil einsetzen, sodass mittlerweile äußerst dekorative und dabei auch funktionale Produkte im Handel erhältlich sind.
Setzt man Papiermaterialien aus dem Haushalt ein, kann man diese entweder direkt zum Spielen verwenden – das ist zum Beispiel bei langen Papprollen und Kartons der Fall. Oder aber man gibt sich dem Vergnügen hin, für die Katze und vielleicht sogar gemeinsam mit ihr einfache Spielzeuge zu basteln. Dafür muss man kein großer Handwerker sein und benötigt auch keine Unmengen an Bastelutensilien. Außerdem beginnt der Spaß meist sogar schon während des Bastelns. Bei allem, was normalerweise in den Altpapiercontainer wandert, sollte man zuerst überlegen, ob das für den Müll vorgesehene Stück nicht vorher noch gute Dienste als Spielobjekt leisten kann. Denn schließlich kann man es hinterher immer noch entsorgen. Zahlreiche Verpackungen lassen sich mühelos zu Spielzeugen umfunktionieren und bieten viel Abwechslung.

AUF NUMMER SICHER Ein paar Sicherheitsaspekte sollte man allerdings auch bei Papierspielzeug beherzigen, um die Katze nicht unnötigen Risiken auszusetzen. Entfernen Sie vor dem Spiel etwaige Metallklammern oder andere lose Teile von den Kartons, die verschluckt werden könnten. Papiertüten sollten stets nur mit durchtrennten Henkeln zum Spiel angeboten werden, um eine Strangulationsgefahr auszuschließen. Und alles, was beleckt oder angeknabbert werden könnte, muss auf Herz und Nieren geprüft werden. Falls also zum Beispiel Heißkleber zum Einsatz kommt, sollten die verklebten Stellen für die Katze unerreichbar sein und dürfen sich nicht ablösen, da es ansonsten sein kann, dass Mieze sie verschluckt. Auch unbeaufsichtigte, umgestülpte Kartons können zu einer unglücklichen Falle werden. Dann nämlich, wenn die Katze unter dem Karton sitzt und sich nicht befreien kann. Hat man alle Sicherheitsvorkehrungen getroffen, darf gejagt, gepfotelt und geraschelt werden, was das Zeug hält.

KOPFÜBER INS VERGNÜGEN

Ein Karton ist für Katzen ohnehin schon sehr attraktiv. Wenn man diesen aber noch mit spannendem Inhalt füllt, ist der Spielspaß gleich noch mal so groß.

EIN EINFACHER PAPPKARTON wird im Handumdrehen zu einem anregenden Spielobjekt, das die Katze „multifunktional" einsetzen kann. Mieze kann nach Spielzeugen oder Leckereien suchen, mit der Nase Gerüche erkunden, mit den Pfoten in den Tiefen des Kartons kramen und raschelnde Geräusche machen und sich kopfüber in den Karton stürzen. Ist die Spielzeit beendet, mögen es manche Katzen, auch mitten im Papiergewuschel ein Nickerchen zu machen.

❶ **PASSENDE SCHACHTEL** Wählen Sie einen Pappkarton (zum Beispiel einen extragroßen Schuhkarton), in dem die Katze ausreichend Platz hat.

❷ **FÜLLEN** Den Karton mit zerknülltem Papier oder Laub füllen und darin verschiedene Spielobjekte verstecken. Dazu eignen sich zum Beispiel Tischtennisbälle, Walnüsse, kleine Fellbälle, Minzekissen oder Spielmäuse. Den Karton so weit füllen, dass die Katze im Inhalt „abtauchen" kann.

❸ **UNTERSUCHEN** Mit dem Papier oder Laub rascheln und der Katze unter Umständen Gegenstände präsentieren, die anschließend wieder darunter dem Papier versteckt werden, sodass die Katze neugierig wird und mit der Untersuchung des Kartons beginnt.

TRAINIERT: Geschicklichkeit und Gehör
ERMÖGLICHT: Beschäftigung im Alleingang
GEEIGNET FÜR: alte, kranke Katzen

EIN INTERESSANTES VERSTECK

Katzen lieben Höhlen – zum Erkunden, Verstecken oder einfach nur, um darin zu sitzen. Die Raschelhöhle lässt sich im Nu aus einem Stuhl und Zeitungspapier zaubern.

IN DER KATZENWOHNUNG kann es gar nicht genug Höhlen geben, schließlich gibt es für die Katze immer einen guten Grund, sie zu nutzen. Höhlen eignen sich als Versteck, zum Ausruhen oder als Spielplatz. Denn in ihnen kann die Katze in Deckung gehen oder sich beim „Kasperletheater" des Zweibeiners der Illusion hingeben, echte Beute zu machen, die sich ganz ohne Hilfe des Menschen bewegt.

❶ SICHTSCHUTZ Befestigen Sie Zeitungspapier mit Klebestreifen rund um die Sitzfläche eines Stuhls, sodass unter ihm eine Höhle entsteht – die Zeitungsseiten müssen also herunterhängen. Alternativ lässt sich auch ein großer Karton so aufstellen, dass die Öffnung zur Seite zeigt. Diese wird mit Zeitungspapier verhängt.

❷ EINGANG Lassen Sie die Ecken als Eingang für die Katze und für Spielzeuge offen.

❸ PFOTELSPASS Nun schaben Sie mit einer Katzenangel, Papprollen oder anderen Spielzeugen am Papier. Durch das Geräusch und die Bewegung wird die Katze bald unter dem raschelnden Zeitungspapier hindurchpfoteln, um die Beute zu erreichen. Ein besonderer Spaß ist es, wenn die Katze nur das Spielzeug sehen kann und den Zweibeiner am anderen Ende des Spielzeugs „ausblendet".

TRAINIERT: Geschicklichkeit und Gehör
ERMÖGLICHT: Beschäftigung im Alleingang
GEEIGNET FÜR: ältere Katzen, ruhige Katzen

RASCHELSCHLANGE

Mit ein paar Butterbrottütchen, Trockenfutter-Leckerchen und einer langen Schnur kann Mieze auf die Jagd gehen und fette Beute machen.

KLEINE BUTTERBROTTÜTCHEN haben genau die richtigen Eigenschaften, um an einer langen Schnur zu einer abenteuerlichen Raschelschlange umfunktioniert zu werden. Denn die Größe ist ideal, um darin kleine Spielzeuge oder Leckereien zu verstecken. Darüber hinaus rascheln die Tütchen schon bei kleinsten Bewegungen und ziehen die Aufmerksamkeit der Katze auf sich. Die Länge und die Anzahl der Tütchen kann nach Belieben variiert werden, aber drei Beutetütchen sollten es schon sein, oder?

❶ ÜBERRASCHUNGSTÜTE Drei bis fünf Butterbrottütchen werden mit Leckerchen oder kleinen Spielzeugen befüllt und mit Abstand locker an eine etwa drei Meter lange Schnur geknotet, sodass die Katze die Tütchen leicht abreißen kann.

❷ TÜTCHENJAGD Nun wird die Schnur mitsamt den Tütchen raschelnd über den Boden gezogen und die Katze darf die Tütchen fangen.

❸ FANGEN UND AUSPACKEN Bei Bewegung der Raschelschlange immer wieder kleine Pausen einlegen, um die Spannung zu erhöhen, bis die Katze die Verfolgung aufnimmt und sich nach und nach die Tütchen angelt. Um die Raschelschlange abwechslungsreich zu gestalten, können zusätzlich Luftschlangen locker um die Tütchen gewickelt werden, die bei Bewegung animierend wippen.

TRAINIERT: Geschicklichkeit und Gehör
ERMÖGLICHT: Steigerung der körperlichen Fitness
GEEIGNET FÜR: junge, aktive Katzen

1

2

3

UNTERSCHLUPF MIT SPIELPOTENZIAL

Ein Karton für sich ist oft schon allein ein großer Spaß für die Katze. Wenn der Zweibeiner sich mit viel Aufmerksamkeit dazu gesellt, macht es gleich doppelt so viel Spaß.

SPIELEN KANN SO EINFACH SEIN, zumindest dann, wenn man einen Pappkarton hat, der sich als spannende Kartonhöhle benutzen lässt. So ein Karton kann auch längere Zeit stehen bleiben und der Katze einen alternativen Rückzugsort bieten. Außerdem: Wer sagt, dass es bei einem Karton bleiben muss? Die Katze hat sicher nichts dagegen, wenn ihr gelegentlich mehrere Kartons zum Spielen angeboten werden. Sollte der Karton mit Metallklammern versehen sein, nicht vergessen, diese vor dem Spiel zu entfernen.

❶ KOPFÜBER Einen Karton mittlerer Größe mit der Öffnung nach unten auf die Klappdeckel stellen, sodass die Katze komplett darunter verschwinden kann und an einer Seite den Deckel als Eingang für die Katze hochklappen.

❷ KRATZGERÄUSCHE Nun können Sie von außen mit einer Katzenangel oder Papprolle am Karton schaben, sodass die Katze das Spielzeug und den Menschen nicht sehen kann.

❸ VORBEIGEHUSCHT Dann wird das Spielzeug an den seitlichen Schlitzen des Kartons entlangbewegt und der Katze gezeigt.

❹ HIN UND WIEDER kann man die Angel vorsichtig unter dem Karton schieben.

TRAINIERT: Geschicklichkeit
ERMÖGLICHT: konzentriertes Spielen
GEEIGNET FÜR: aktive Katzen

1

2

BEWEGTE RUTSCHPARTIEN

Der allzeit beliebte Karton kommt hier als flotter Schlitten daher und wird mitsamt Katze durch die Gegend gezogen. Ein Spiel für mutige Flitzer.

DIESES SPIEL sorgt auch auf Menschenseite für Unterhaltung. Denn wenn Mieze sich mit wehenden Schnurrhaaren genüsslich durch die Wohnung ziehen lässt, ist das schon ein äußerst amüsanter Anblick. Am besten probiert man dieses Spiel erst einmal behutsam aus, um zu prüfen, ob die Katze an der Schlittenfahrt Gefallen findet. Also erst langsam starten und die Katze keineswegs zwingen.

❶ SCHLITTEN BASTELN Nehmen Sie einen eher kleinen Schuhkarton (sodass die Katze gerade hineinpasst) und bohren Sie am Rand der Öffnung (ohne Deckel) ein Loch. Dadurch wird eine mindestens zwei Meter lange Kordel eingefädelt (z. B. Sisalband).

❷ EINSTEIGEN Warten Sie, bis die Katze sich von allein in den Karton hineinsetzt oder locken Sie sie in den Karton hinein.

❸ IN BEWEGUNG Anschließend wird der Karton mitsamt der Katze behutsam gezogen.

TIPP Die Schlittenfahrt funktioniert auch mit zwei Kartons, wenn die Katzen nicht zu schwer sind und Spaß dabei haben. Sie sollten vergnügt im Karton sitzen und die Fahrt genießen.

TRAINIERT: Balancevermögen
ERMÖGLICHT: neue Perspektiven
GEEIGNET FÜR: junge, aktive Katzen

1

KARTONBURG – MY BOX IS MY CASTLE

Eine Burg aus Kartons ist im Handumdrehen fertig und kann je nach Lust und Laune ausgeschmückt werden. Für Veränderung, Parcours und Versteckspiele.

AUS VERSCHIEDEN GROSSEN KARTONS wird eine abwechslungsreiche Spielburg zusammengestellt. Man benötigt dafür nicht viel mehr als Kartons und Papprollen, Paketklebeband, eine Schere und etwas Fantasie. Mit versteckten Spielzeugen, zusammengeknülltem Papier und kleinen Leckereien kann die Katze hier entweder im Alleingang auf Erkundungstour gehen oder ihr Mensch begleitet sie dabei, indem er mit ihr die Burg erkundet und dort mit ihr spielt.

❶ KARTONLANDSCHAFT Zuerst wird der größte der gesammelten Kartons mit der Öffnung nach unten aufgestellt und die kleineren Kartons werden bunt gemischt daneben platziert. Dadurch erhält man eine interessante Kulisse.

❷ EIN- UND AUSGÄNGE In die Kartons werden mit Schere oder Messer Eingänge geschnitten, durch die die Katze von Karton zu Karton gehen kann. Damit die Kartons nah beieinander stehen bleiben und einen „Raumwechsel" ermöglichen, müssen die geschnittenen Eingänge der einzelnen Kartons noch mit Paketklebeband fixiert werden.

❸ GUCKLÖCHER Wenn das Grundgerüst steht, können Mauselöcher in die Burgwände weit unten geschnitten werden, an die Toilettenpapierrollen als Pfotelröhren geklebt werden.

TRAINIERT: Geschicklichkeit
ERMÖGLICHT: Spielen im Alleingang
GEEIGNET FÜR: ältere Katzen, schüchterne Katzen

VORSTELLUNG AM LOCHKARTON

Bei so vielen Mauselöchern kommt Mieze ganz schön auf Trab, denn immer wieder taucht Beute auf, die gefangen werden will. Ein Spiel für schnelle Pfoten.

2

3

EIN GRÖSSERER, FLACHER KARTON und eine Katzenangel werden mittels Messer oder Schere zum Mäuseparadies für die Katze. Sobald der Lochkarton fertig ist und die Katze davor Platz genommen hat, kann die Vorstellung im „Katzerle-Theater" beginnen.

❶ BOHRUNGEN Präparieren Sie einen größeren, flachen Karton mit drei bis fünf Löchern an der schmalen Seite (Durchmesser ca. 6 cm). Dann wird der Karton auf der gegenüberliegenden Seite aufgestellt, sodass die Löcher oben sind und die große Kartonöffnung zur Seite zeigt.

❷ BACKSTAGE An der offenen Seite des Kartons kann nun der Mensch Platz nehmen und eine Spielangel oder andere Spielzeuge an einem Stab hindurchschieben und diese abwechselnd durch die Löcher „auftauchen" und wieder verschwinden lassen.

❸ VORFÜHRUNG Die Katze sollte dabei auf der gegenüberliegenden Seite (Kartonboden) sitzen und beobachten, wie die Spielzeuge auftauchen und wieder verschwinden. Sie kann danach pfoteln und versuchen, die Spielobjekte zu fangen, was ihr hin und wieder auch gelingen sollte, damit sie ein Erfolgserlebnis hat und ihre Laune erhalten bleibt.

TRAINIERT: Geschicklichkeit
ERMÖGLICHT: schnelles Spielen
GEEIGNET FÜR: Katzen, die viel Aufmerksamkeit beim Spiel benötigen

PAKETBANDWIPPE

Paketbänder aus Kunststoff eignen sich prima für zappelnde Pfotelspiele. Das funktioniert im Alleingang oder gemeinsam mit dem Zweibeiner.

EINE KATZE ZUM SPIEL zu animieren ist eigentlich ganz leicht. Dennoch tun sich manche Menschen schwer damit, weil ihnen die Geduld fehlt und sie die Spielzeuge viel zu hektisch bewegen. Paketbänder aus Kunststoff, die an schwereren Paketen zu finden sind, unterstützen unbeholfene Zweibeiner dabei, mit unvorhersehbaren, ruckeligen Bewegungen „richtig" zu spielen und die Katze auf Touren zu bringen. Die Bänder lassen sich an einem Karton oder Korb befestigen oder werden von Hand als Katzenangel eingesetzt, wobei sie nur wenig bewegt werden sollten, da die Eigendynamik der Bänder bereits ausreicht.

❶ VORBEREITUNG Stellen Sie einen großen Karton seitlich auf und befestigen Sie die Paketbänder aus Kunststoff mit Klebeband am oberen Rand, sodass sie frei herunterhängen und sich durch leichte Bewegung in Schwingung versetzen lassen.

❷ HÜPFENDE BÄNDER Stoßen Sie die Paketbänder leicht an, um sie in Bewegung zu versetzen, wenn Ihre Katze gerade zusieht.

❸ FASZINIEREND! Die Katze kann nun nach den Paketbändern angeln und diese allein zum Wippen bringen.

1

2

3

TRAINIERT: Geschicklichkeit, Beweglichkeit
ERMÖGLICHT: Spielspaß im Alleingang
GEEIGNET FÜR: junge, aktive Katzen

ALTES SPIELZEUG NEU ENTDECKEN

Ein Karton mit abwechslungsreicher Füllung regt zu Entdeckungen an und lässt auch ältere Spielzeuge wieder interessant erscheinen.

EIN LEERER SCHUHKARTON und verschiedene Gefäße aus dem Haushalt ergeben eine spannende Erkundungsbox, die nach Belieben variiert werden kann. Butterbrottüten aus Papier oder kleine Geschenktütchen ohne Henkel, leere Konservendosen (scharfe Kanten gegebenenfalls glätten), leere Joghurtbecher, leere Marmeladengläser und leere Toilettenpapierrollen erzeugen bei der Untersuchung durch die Katze verschiedene Geräusche und regen durch ihre unterschiedlichen Gerüche und Oberflächen die Sinne der Katze an.

❶ VOLLGESTELLT Stellen Sie die Behältnisse in den Schuhkarton, bis die Grundfläche vollgestellt ist und dadruch spannende Hohlräume entstehen.

❷ FESTGEKLEBT Alle leichten Gefäße, wie zum Beispiel Papiertüten, werden nochmals herausgenommen, um sie mit doppelseitigem Klebeband am Boden des Kartons zu befestigen.

❸ BUNT BEFÜLLT Die Gefäße werden nun mit Leckerchen und kleinen Spielzeugen, Walnüssen, Schraubverschlüssen von Flaschen und zerknülltem Papier gefüllt und unter Aufsicht zum Spielen angeboten.

TRAINIERT: Geschicklichkeit, Tastsinn und Gehör
ERMÖGLICHT: Spielspaß im Alleingang
GEEIGNET FÜR: junge, aktive Katzen, ältere Katzen

1

3

FUMMELSPASS FÜR FLINKE PFOTEN

Mit einer leeren Küchen- oder Klorolle können langweilige Stunden aufgepeppt werden. Denn im Inneren des Papprollenbonbons warten feine Überraschungen.

LEERE KÜCHENPAPIER- ODER TOILETTENROLLEN fallen in jedem Haushalt an, sodass die Zutaten für das Papprollen-Bonbon fast immer zur Hand sind. Mit ein wenig raschelndem Papier, den Lieblingsspielzeugen und anderen unterhaltsamen Dingen aus dem Haushalt, kann der Inhalt des Papprollen-Bonbons immer wieder spannend gefüllt werden. Geeignet sind Korken, Rasselbälle, Spielzeugmäuse, Walnüsse, Sektkorken, Minzekissen, Leckerchen und vieles mehr, was in der Spielzeugkiste der Katze zu finden ist.

❶ INNENLEBEN Füllen Sie eine leere Küchenpapier- oder Toilettenpapierrolle abwechselnd mit kleinen Küchenpapierfetzen, Leckerchen und Spielobjekten und verschließen Sie die Enden locker mit Küchenpapier.

❷ VERPACKT Je nach Geschick der Katze werden die Öffnungen fester oder weniger fest verschlossen. Wichtig: Die Katze soll Erfolgserlebnisse haben und schlussendlich an den Inhalt des Papprollen-Bonbon herankommen.

❸ BONBONSUCHE Hat die Katze Interesse am Spiel gezeigt und hatte erste Erfolge, können mehrere Bonbons in der Wohnung versteckt werden, um sie zu beschäftigen.

TRAINIERT: Geschicklichkeit und Tastsinn
ERMÖGLICHT: Beschäftigung im Alleingang
GEEIGNET FÜR: Katzen, die Zeit allein verbringen müssen

1

2

3

SOUNDEFFEKTE ZUM OHRENSPITZEN

Eine leere Geschenkpapierrolle macht raschelnde, schabende oder klopfende Geräusche, während sie auf dem Spielplatz auf andere Spielobjekte stößt.

1

2

DER KLANG EINER LANGEN PAPPROLLE ist erstaunlich abwechslungsreich. Je nachdem, an welcher Stelle die Rolle festgehalten wird, auf welche Dinge sie stößt und ob sie zum Schaben, Rascheln oder Klopfen verwendet wird. Wenn sie zudem mit einer Kordel und kleinen Gegenständen im Inneren gefüllt wird, ist schnell die Neugier der Katze geweckt.

❶ **ROLLENSPIELE** Verwenden Sie eine lange Papprolle, zum Beispiel eine leere Geschenkpapier- oder Küchenrolle, als Spielobjekt und schaben Sie damit auf dem Boden, an einem Karton oder Rascheltunnel, um die Aufmerksamkeit der Katze zu wecken.

❷ **UNDERCOVER** Im Schutz eines Kartons oder Rascheltunnels kann die Katze nach der Papprolle pfoteln, schlagen und greifen.

❸ **KLAPPERSCHLANGE** Neue Geräusche lassen sich erzeugen, indem man ein Loch in den Rand der Rolle sticht, durch das man eine längere Kordel fädelt. Die Kordel sollte etwa bis zur Mitte der Papprolle reichen. An der Kordel können kleine Gegenstände oder Spielzeuge befestigt und in der Rolle versenkt werden. Bei Bewegung der Papprolle klappert oder raschelt es dann im Inneren der Rolle.

TRAINIERT: Geschicklichkeit, Tastsinn und Gehör
ERMÖGLICHT: anregende Soundeffekte
GEEIGNET FÜR: aktive, neugierige Katzen

PAPPDEGEN FÜR KLEINE MUSKETIGER

Achtung, fechtende Katze! Mit einer langen Papprolle lässt sich Mieze zum Duell auffordern und zeigt mit ihren Pfoten, dass ein kleines Musketier in ihr steckt.

EINEN SCHNURRBART hat sie ja schon und mit dem Pappdegen wird selbst die kleinste Katze zum sportlich-eleganten Musketiger. Getreu dem Motto „Schnurr um Gnade" nimmt sie es locker mit ihrem Menschen auf und kämpft mit dem Pappdegen. Und wer weiß, vielleicht lässt sie sich im Anschluss noch auf einen Ritt auf der Papprolle ein?

❶ FECHTEN Mit einer langen Papprolle wird die Katze zum Spiel aufgefordert, indem man sachte, wie mit einem Degen, vor ihr hin- und herschwenkt. Ist Ihre Katze eher schüchtern, setzen Sie sich dabei am besten auf den Boden, damit sie keinen Schreck bekommt.

❷ DEGENRASSELN Hin und wieder klopft man mit dem Pappdegen leicht auf den Boden oder bewegt ihn schleifend über den Boden, bis das Interesse der Katze geweckt ist.

❸ PARADE Geht die Katze auf das Spiel ein, sollte sie mit den Pfötchen nach der Papprolle schlagen und die Rolle fangen oder mit beiden Pfoten danach greifen.

TRAINIERT: Geschicklichkeit, Reaktionsvermögen
ERMÖGLICHT: actionreiches Auspowern
GEEIGNET FÜR: junge, aktive Katzen

1

2

3

KATZENPANFLÖTE

Mieze kann aufmerksam verfolgen, wo Geräusche entstehen und untersuchen, ob es noch andere Überraschungen im Inneren der Papprollen gibt.

VERSCHIEDEN LANGE PAPPROLLEN ergeben aneinandergeklebt ein akustisch interessantes Spielobjekt, das die Katze nicht nur zum Lauschen, sondern auch zum Pfoteln anregt. Schließlich kann Mieze mit ihren Pfötchen in die Papprröhren greifen und den geheimnisvollen Geräuschen auf den Grund gehen. Es können Paketbänder aus Kunststoff oder die Rute einer Katzenangel für das Spiel verwendet werden. Am besten wird gemeinsam auf dem Teppich gespielt, sodass die Katze die volle Aufmerksamkeit ihres Menschen genießen kann.

❶ ORGELPFEIFEN Etwa fünf Papprollen auf unterschiedliche Länge zurechtschneiden und mit Klebeband der Größe nach zusammenkleben.

❷ TON-BAND In die zusammengeklebte Katzenpanflöte steckt man dann ein etwa 20 cm langes Stück Paketband aus Kunststoff und bewegt es von Hand in einer der Papprollen, sodass Geräusche entstehen.

❸ FANG DAS BAND Wechseln Sie die Papprollen, damit das Paketband abwechselnd aus verschiedenen Öffnungen herauslugt. Die Katze kann die einzelnen Rollen beobachten und versuchen, das Paketband zu fangen.

TRAINIERT: Geschicklichkeit und Gehör
ERMÖGLICHT: konzentriertes Spielen
GEEIGNET FÜR: junge, aktive Katzen

PAPPROLLENPYRAMIDE

Zahlreiche Verstecke regen die Katze zur Untersuchung an und überraschen große wie kleine Stubentiger mit leckeren oder unterhaltsamen Inhalten.

MIT DER PAPPROLLENPYRAMIDE können langweilige Winterabende oder die Zeit allein zu Haus etwas spannender gestaltet werden. Natürlich ist dieses Spiel auch in Anwesenheit des Menschen interessant und kann durch Mitwirkung unterhaltsam gestaltet werden. Ist die Katze beim Zusammenstellen der Pyramide dabei, kann sie bereits sehen, wo sie anschließend suchen darf. Zeigt sie nicht sofort Interesse, können Baldrian- oder Minzespielzeuge die Pyramide interessanter machen.

1

❶ PYRAMIDENBAU Mindestens sechs Toilettenpapierrollen (oder auch mehr) mit Klebeband zu einer Pyramide zusammenkleben und diese mit der Einzelrolle nach oben aufstellen.

❷ SCHATZKAMMERN In die einzelnen Fächer der Papprollen können Leckerchen oder Spielzeuge gefüllt werden, die die Katze herausangeln darf.

❸ VERSCHLOSSENE EINGÄNGE Der Schwierigkeitsgrad kann durch zerknülltes Papier, mit dem man die Enden der Rolle verschließt, erhöht werden.

❹ PLÜNDERER Hat die Katze ein Spielzeug aus der Pyramide befreit, kann man sich von ihr zu einer Spielpartie einladen lassen.

2

TRAINIERT: Geschicklichkeit und Tastsinn
ERMÖGLICHT: ruhige Spieleinheiten
GEEIGNET FÜR: junge und aktive Katzen, alte Katzen

SPIELE MIT LICHT –

UND SCHATTEN

FÜR LEUCHTEN UND STERNENFÄNGER

Spiele mit Licht haben einen schlechteren Ruf, als sie ihn verdienen. Denn wenn der Mensch beim Spiel mit seiner Katze ein paar Dinge berücksichtigt, kann Licht für eine Menge Spaß sorgen. Zudem kann man manchmal gar nicht verhindern, dass Mieze auf ein Spiel mit Licht eingeht, z. B. wenn eine Uhr reflektiert.

GEZIELT EINGESETZT Setzt man Licht – oder besser gesagt Lichtpunkte – gezielt zum Spiel ein, ist es wichtig, dass das Licht im Lauf der Spielsession nicht das einzige Spielobjekt bleibt. Schließlich lässt sich ein Lichtstrahl nicht erbeuten, und damit ist Frustration bei der Katze vorprogrammiert. Einige Katzen werden durch schnelle Laserpunkt-Jagden dermaßen aufgeputscht, dass man unbedingt eine Cool-down-Phase, also eine Phase zum Entspannen, einbauen sollte. Das wilde Jagdspiel mit Licht und Schatten wird also nicht während der heißen Jagdphase der Katze abrupt beendet, sondern man verlangsamt das Spiel und lenkt es auf ein greifbares Spielobjekt (zum Beispiel eine Spielmaus) um. Nur so kann die Katze eine echte Beute als Höhepunkt des Spiels fangen und hat ein befriedigendes Spielerlebnis.

LASERPOINTER Bei Verwendung des beliebten Laserpointers ist besondere Vorsicht geboten. Die Strahlen von Laserpointern sollten auf gar keinen Fall auf die Augen der Katze gerichtet werden. Im Idealfall wendet die Katze dem Menschen mitsamt Laserpointer den Rücken zu und der Lichtpunkt wird schräg vor die Katze gelenkt. Nur so kann auch bei schnellen Bewegungen weitestgehend ausgeschlossen werden, dass der Strahl versehentlich in die Katzenaugen gelangt. Auch automatische Laserpointerspielzeuge, die vorgaukeln, die Katze eigenständig zu beschäftigen und unvorhersehbar durch die Gegend leuchten, sind mit Vorsicht zu genießen. Am besten ist es, beim Katzenspiel ganz auf Laserlicht zu verzichten und stattdessen eine Taschenlampe zu verwenden, auch wenn dem Menschen dabei der Spaß mit dem Laserpunkt verloren geht und er sich eventuell etwas mehr bewegen muss, um für die Katze huschende Lichtpunkte zu erzeugen. Neben gewöhnlichen Taschenlampen, gibt es optisch reizvolle Varianten, die beim Leuchten beispielsweise kleine Mäuse projizieren.

SCHATTENSPIELE Manchmal kann auch das Gegenteil von Licht, nämlich Dunkelheit und Schatten, für eine anregende Atmosphäre sorgen. Dunkle Wintertage eignen sich besonders gut dazu, um mit Mieze im Dämmerlicht zu spielen. Leuchtende Spielbälle oder beleuchtete Raschelboxen setzen schöne Highlights und lassen selbst bekannte Spielzeuge in neuem Licht erscheinen.

LICHTPUNKTE FANGEN

Lichtspiele sind mit Vorsicht zu genießen. Beachtet man jedoch ein paar Regeln und beendet das Spiel mit echter Beute, bieten sie ausgelassene Actionspiele.

GANZ GLEICH, OB LASERPOINTER oder Taschenlampe – am Ende sollte das Spiel mit Licht immer auf eine greifbare Beute gelenkt werden, die die Katze fangen kann. Das kann eine Spielmaus, ein Bällchen oder auch ein Leckerchen sein. Dieses Spiel eignet sich wunderbar, um die Katze auf weitere Spiele einzustimmen.

❶ ECHTE BEUTE Legen Sie ein greifbares Spielobjekt (zum Beispiel eine Spielmaus) bereit, mit dem das Spiel später beendet werden kann.

❷ SCHUMMERBELEUCHTUNG Dimmen Sie das Licht und schalten Sie Taschenlampe oder Laserpointer ein. Beim Spiel mit dem Laserpointer darauf achten, dass der Laserstrahl niemals in die Augen der Katze leuchtet.

❸ LEUCHTFEUER Nun bewegen Sie den Lichtpunkt über den Boden und von der Katze weg, sodass das Licht immer von hinten kommt und die Katze die Verfolgung aufnehmen kann. Den Lichtpunkt gelegentlich ausschalten bzw. verstecken und wieder zum Vorschein kommen lassen.

❹ IM RAMPENLICHT Zum Schluss bewegt sich der Lichtpunkt langsamer und wird auf das Spielzeug gelenkt, mit dem anschließend weitergespielt wird.

TRAINIERT: Beweglichkeit, allgemeine Fitness
ERMÖGLICHT: aktives Auspowern
GEEIGNET FÜR: junge, aktive Katzen und Katzen, die abnehmen müssen

VERSTECKSPIEL MIT TASCHENLAMPE

Im Dunkeln ist gut Munkeln und dabei machen unsere Stubentiger nur allzu gern mit. Wenn das Licht gedämmt ist, kommen die kleinen Jäger schnell in Fahrt.

DÄMMERSPIELE Entweder dimmt man die Beleuchtung an dunklen Winternachmittagen etwas herunter oder man eröffnet die Jagd im Sommer erst nach Sonnenuntergang. Eine Taschenlampe macht die Atmosphäre jedenfalls noch abenteuerlicher und sie verhindert auch, dass die Zweibeiner über ihre eigenen Füße stolpern. Verstecke gibt es in jeder Wohnung: Ob hinter dem Vorhang, unter dem Tisch oder hinter der Tür – hier kann der Mensch von seiner Katze gesucht und gefunden werden. Und das ist schließlich Ziel des Spiels.

❶ FINSTERE ECKEN Gehen Sie in der abgedunkelten Wohnung mit der Taschenlampe auf Tour und leuchten Sie in dunkle Ecken. Gegebenenfalls können Sie Ihre Katze mit der Katzenangel animieren, die Verfolgung aufzunehmen.

❷ SUCHEN … Sobald die Katze die Verfolgung aufgenommen hat, verschwinden Sie schnell im nächsten Versteck und warten ab. Mit dem Schein der Taschenlampe oder leisen Rufen kann man ihr Hilfestellung beim Suchen geben.

❸ UND VERSTECKEN Hat die Katze das Versteck gefunden, wird sie ausgiebig gelobt und das Spiel kann von vorn beginnen. Einige Katzen drehen den Spieß um und verstecken sich selbst. Dann ist der Mensch gefordert, die Katze zu suchen.

TRAINIERT: Beweglichkeit
ERMÖGLICHT: besondere Abwechslung in bekannter Umgebung
GEEIGNET FÜR: aktive, neugierige Katzen

STERNENFÄNGER

In der halbdunklen Wohnung blitzen kleine Sterne in einem Karton auf und warten darauf, von der Katze gefangen zu werden.

EIN GRÖSSERER KARTON wird mit ein paar Handgriffen und einer Taschenlampe zum Sternenhimmel, an dem verführerische Lichter blitzen. Dieses Spiel ist etwas ruhiger, dennoch sollte das Licht gegen Ende durch greifbare Beute ersetzt werden, um der Katze einen Jagderfolg zu ermöglichen.

❶ LOCHMUSTER Ein Karton mittlerer Größe wird umgestülpt, sodass die Öffnung nach unten zeigt. Klappen Sie eine Seite des Deckels als Eingang hoch. In die Kartonwände werden fünf kleine, etwa stricknadelgroße und drei größere (etwa fingerdicke) Löcher gebohrt. Die Löcher werden auf beiden Seiten beliebig verteilt.

❷ NACHTLEUCHTENDE STERNE Nun kommt die Taschenlampe ins Spiel. Leuchten Sie abwechselnd durch die verschiedenen Löcher, während die Katze unter oder vor dem Karton sitzt. Sie stehen so, dass sich der Karton zwischen Ihnen und der Katze befindet. Sie soll die durch den Lichteinfall entstehenden „Sterne" fangen.

❸ STERNBILD GROSSE MAUS? Das Spiel wird wieder mit einer Spielzeugmaus oder einem kleinen Ball als Beute beendet.

TRAINIERT: Konzentration
ERMÖGLICHT: Warmwerden für weitere Spielsessions
GEEIGNET FÜR: aktive Katzen, ältere Katzen

SCHATTENTHEATER

Wo Licht ist, ist auch Schatten. Mit Lampenlicht und Sonnenschein lassen sich geheimnisvolle Schatten auf glatte Flächen projizieren, die die Katze jagen darf.

SCHATTENTHEATER MIT SCHERENSCHNITT oder Handschattenfiguren faszinieren nicht nur kleine Kinder. Auch Katzen schauen interessiert zu, wenn an der ansonsten kahlen Wand plötzlich dunkle Formen auftauchen, die sich bewegen und offensichtlich ein Eigenleben führen. Während sie anfangs noch zu überlegen scheinen, was der Ursprung der bewegten Schatten ist, wird die Aufmerksamkeit später auf das Schattenspielzeug gelenkt, das dann gejagt und gefangen werden kann.

❶ **GROSSE BÜHNE** Eine große Lichtquelle auf eine Wand oder eine andere glatte Fläche richten.

❷ **SCHATTENKABINETT** Eine Spielzeugmaus am Griff einer Katzenangel befestigen und diese als Schattenspielzeug verwenden, um damit auf die Wand Schattenfiguren zu projizieren.

❸ **GRAUE GESTALTEN** Das Schattenspielzeug im Beisein der Katze langsam bewegen und die Bewegung immer mal wieder stoppen.

❹ **GREIFBARES PACK** Viele Katzen schauen sich das Schauspiel äußerst genau an, ziehen Schlüsse und fangen früher oder später „das greifbare“ Spielzeug, nämlich den Schattengeber. Ist das nicht der Fall, sollte das Spiel vom Zweibeiner zum Ende hin auf das Schattenspielzeug gelenkt werden.

TRAINIERT: Beobachtungsgabe und Kombinationsfähigkeit

ERMÖGLICHT: Warmwerden für weitere Spielsessions

GEEIGNET FÜR: junge und aktive Katzen, neugierige Katzen

1

2

DIE MAGISCHE SPIELTÜTE

Eine Papiertüte, die raschelt und zudem noch geheimnisvoll leuchtet, weckt den Entdeckerdrang der Katze.

EINE KLEINE TASCHENLAMPE oder ein kleiner Leuchtball, der bei Berührung lustig flackert, peppt die allzeit beliebte Papiertüte auf und lässt sie bei Dunkelheit zu einer magischen Spieltüte werden. Mitten im Papierdurcheinander lassen sich kleine Spielzeuge finden, die sogleich in die Spielsession eingebaut werden.

❶ KLARER CUT Durchtrennen Sie die Henkel einer großen Papiertüte – das ist wichtig, damit die Katze nicht hängen bleibt oder sich gar stranguliert – und drücken Sie die Tüte etwas zusammen, damit sie von allein geöffnet liegen bleibt.

❷ LEUCHTENDE INHALTE In die Vorderseite der Tüte werden zwei bis drei Löcher mit circa 6 cm Durchmesser geschnitten. Nun wird die Tüte mit zerknülltem Papier gefüllt und die Taschenlampe oder der Leuchtball mit weiteren kleinen Spielzeugen oder Leckereien darin versteckt.

❸ FUMMELLÖCHER Im nächsten Schritt wird die Öffnung der Papiertüte zusammengefaltet und die unteren Ecken der Tüte rechts und links abgeschnitten, sodass zwei Löcher entstehen. Die Löcher dienen dazu, dass die Katze in der Tüte pfoteln kann.

❹ GERASCHEL Um das Interesse der Katze zu wecken, stößt man die Tüte von außen an oder raschelt mithilfe der Katzenangel an ihr herum. Dadurch wird die Tüte zum Leben erweckt.

EIN TIPP Verschiedenfarbige Papiertüten oder Tüten mit bunten Aufdrucken, welche lichtdurchlässig sind, eignen sich besonders gut als Spieltüte, da sie die Umgebung in ein geheimnisvolles Licht tauchen. Außerdem lässt es sich auch mit mehreren magischen Tüten gleichzeitig spielen. Warum nicht mal die Beleuchtung komplett abschalten und die Wohnung nur mit verschiedenen Spieltüten beleuchten? Ein paar Spritzer Katzenminze-Spray können zusätzliche Anreize geben, um die Katze zum Spiel zu animieren.

TRAINIERT: Geschicklichkeit und Tastsinn
ERMÖGLICHT: Warmwerden für weitere Spielsessions

GEEIGNET FÜR: junge und aktive Katzen, neugierige Katzen

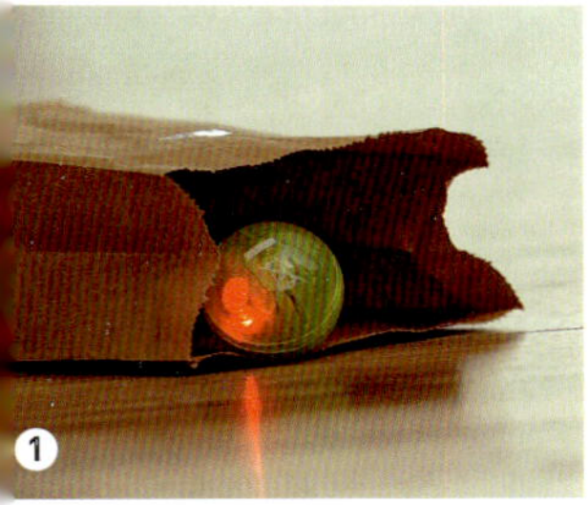

1

2

3

4

RASCHELTUNNEL –

FÜR UNDERCOVER-SPIELE

TUNNEL, VERSTECK ODER SCHLAFPLATZ?

Ein Rascheltunnel beansprucht zwar etwas mehr Platz als andere Spielzeuge, doch der große Spaß und die multifunktionale Einsatzfähigkeit des Tunnels rechtfertigen dies. Er bietet nicht nur Versteckmöglichkeiten zum Lauern und viel „Pfotelspaß" im Inneren, sondern er kann auch als Ruhe- und Spielplatz dienen.

ÄUSSERST FLEXIBEL Zudem kann man ihn leicht an verschiedenen Orten in der Wohnung aufstellen, sodass er selbst auf dem Balkon noch als Sonnenschutz eingesetzt werden kann. Wird er nicht gebraucht oder möchte man ihn einige Zeit aus dem Katzenumfeld entfernen, um ihn wieder interessant zu machen, lassen sich die meisten Modelle mit ein paar Handgriffen flach zusammenbinden und leicht verstauen.

TUNNELMODELLE Neben eher kürzeren Modellen mit unterschiedlichen Durchmessern, gibt es auch Tunnel, die sich mit Druckknöpfen zu einem XXL-Rascheltunnel beliebiger Länge zusammenknöpfen lassen, oder Modelle mit „Armen", die vom Hauptgang abzweigen und weitere Spiel- und Versteckmöglichkeiten bieten. Ganz gleich, ob man sich für einen Rascheltunnel aus abwaschbarem Material, wie zum Beispiel robustem Nylongewebe, oder für einen aus Plüsch entscheidet – bei einem Großteil der Katzen ist der Rascheltunnel ein Dauerbrenner und oft ein Katzenleben lang im Einsatz. Rein optisch muss er kein Schandfleck in der Wohnung sein, da es ihn in vielen verschiedenen Farben und Mustern gibt, die sich problemlos an die Einrichtung anpassen lassen.

EINTAUCHEN Die meisten der Spiele, die man mit Kartons spielen kann, funktionieren auch wunderbar mit einem Rascheltunnel. Sitzt die Katze im Inneren, kann man sie von außen mit einer Katzenangel oder einem anderen Spielobjekt aus der Reserve locken. Liegt die Katze vor dem Rascheltunnel, findet sie es unter Umständen spannend, wenn man ein Spielzeug im oder unter dem Rascheltunnel bewegt. Einige Katzen lieben es, mit großem Schwung durch den Tunnel hindurch zu flitzen, andere nutzen ihn wiederum als Sichtschutz oder Schutzwall bei Fangspielen untereinander. Die Kombinationsmöglichkeiten sind vielfältig und das ist prima, denn beim Katzenspiel ist Abwechslung gefragt.

TUNNELFLITZER

Mit viel Elan flitzt die Katze in den Rascheltunnel, um darin die verführerisch wackelnden Spielobjekte zu fangen und mit ihnen zu kämpfen.

DER RASCHELTUNNEL ist nun der Ort des Geschehens. Während sich die Katze mit Anlauf auf die Beute im Inneren stürzt, mimt der Zweibeiner – von seiner Katze nahezu unbemerkt – die Beute mit dem Spielobjekt. Lauern und Angreifen wechseln sich ab und werden durch die Bewegungen des Spielzeugs gesteuert.

❶ AN DEN START Die Aufmerksamkeit der Katze mit einem Lieblingsspielzeug wecken und zum Rascheltunnel lenken.

❷ KRITZE KRATZE Mit einem Gegenstand, z.B. einer Papprolle oder Katzenangel, von außen am Rascheltunnel schaben und zwischendurch immer wieder die Bewegungen einfrieren.

❸ KAMPFANSAGE Das Spielzeug wird von der Katze wegbewegt, bis sie sich auf ihre Beute stürzt. Eventuell kämpft die Katze dann im Rascheltunnel mit der Beute, die sich jedoch außen befindet.

❹ WIEDERHOLUNG Nach kurzer Aktion die Bewegungen beenden und warten, bis die Katze wieder aus dem Rascheltunnel herausgekommen ist und sich voller Erwartung wieder am Eingang anstellt. Das Spiel kann von vorn beginnen.

TRAINIERT: Beweglichkeit
ERMÖGLICHT: viel Bewegung zum Auspowern
GEEIGNET FÜR: junge, aktive Katzen

IM SCHATTEN DES RASCHELTUNNELS

Im Schatten des Rascheltunnels kann die Katze die Beteiligung des Menschen am Spiel ausblenden und sich der Illusion hingeben, echte Beute zu machen.

KATZEN SIND GEWISS NICHT DUMM. Im Spiel scheinen sie sich von ihren Menschen sogar manchmal ganz bewusst etwas vorgaukeln zu lassen. Wie auf der Bühne eines Kasperletheaters werden hier eine Katzenangel oder andere Spielzeuge in Szene gesetzt, um der Katze ein unterhaltsames Programm zu bieten. Dafür sollten unbedingt Spielzeuge gewählt werden, die auch bei wilderem Spiel ausreichend Distanz zu den Menschenhänden erlauben. Denn Sie sollten nicht Gefahr laufen, dass Ihre Hände unbeabsichtigt verletzt werden oder die Katze diese gar zur Beute wählt. Gut geeignet sind beispielsweise Spielangeln, Papprollen, ein Stock, aber auch größere Plüschtiere oder längliche Gegenstände aus dem Haushalt.

❶ AUFTAUCHEN Führen Sie ein Spielzeug von außen an eines der Seitenlöcher oder den Eingang des Rascheltunnels.

❷ ... UND VERSCHWINDEN Bewegen Sie das Spielzeug langsam in das Sichtfeld der Katze und lassen es wieder verschwinden, bis ihr Interesse geweckt ist.

❸ GEFANGEN Sobald die Katze das Spielzeug erbeutet hat, wird sie gelobt und darf ein wenig damit kämpfen, bis die nächste Runde eingeläutet wird.

TRAINIERT: Beweglichkeit
ERMÖGLICHT: viel Bewegung zum Auspowern
GEEIGNET FÜR: junge, aktive Katzen

1

2

3

RASCHELTUNNELEXPRESS

Gemütlich im Rascheltunnel liegen und damit durch die Wohnung gezogen werden, ermöglicht vollkommen neue Perspektiven.

EINE FAHRT mit dem Rascheltunnelexpress kann ein wunderbares Ritual werden, um eine Spielsession zu beenden. Vorausgesetzt die Katze hat Spaß daran, mitsamt dem Rascheltunnel über den Fußboden gezogen zu werden. Ist dies der Fall, steht einer gemütlichen Runde nichts im Wege. Der Boden sollte jedoch glatt und frei von Unebenheiten sein, da der Tunnel nun mal keine Stoßdämpfung hat und sich sämtliche Ecken und Kanten im Inneren durchdrücken.

❶ TUNNEL-EXPRESS Wenn sich die Katze im Rascheltunnel befindet, wird dieser an einem Ende vorsichtig angehoben und vorerst langsam über den Boden gezogen.

❷ FAHRT DURCH DIE WOHNUNG Die Katze sollte entspannt im Rascheltunnel sitzen- oder liegenbleiben (auf Körpersprache achten). Findet die Katze Gefallen daran und bleibt sitzen, kann sie im Rascheltunnel weiter umhergezogen werden.

❸ COOL DOWN Nach einer ausgiebigen Spielsession kann so die Cooldown-Phase eingeleitet werden, um die Katze wieder zu beruhigen und um zum Beispiel das Abendessen einzuläuten.

TRAINIERT: Geduld
ERMÖGLICHT: Einsatz als Ritual zum Spielende
GEEIGNET FÜR: Katzen, die eine Fahrt im Rascheltunnel genießen

AM HIMMEL DES RASCHELTUNNELS

Der Rascheltunnel bietet eine gute Fläche, um von außen Lichtflecken darauf zu projizieren, die im Inneren von der Katze gefangen werden können.

DIESES RASCHELTUNNELSPIEL mit Licht eignet sich besonders als Auftaktspiel in der dunklen Jahreszeit, um Abwechslung in öde Nachmittage zu bringen. Je nach Material, aus dem der Rascheltunnel hergestellt ist, ist die Oberfläche mehr oder weniger lichtdurchlässig. Sie eignet sich jedoch in den meisten Fällen, um mit einer Taschenlampe Lichtflecken zu projizieren, die im Inneren von der Katze gefangen werden können. Wie bei fast allen Spielen mit Licht ist der Sternenfänger gut als Auftakt einer Spielsession geeignet, sollte aber mit greifbarer Beute beendet werden, um Frustrationen zu vermeiden.

❶ GEDÄMPFTES LICHT Wecken Sie bei abgedunkeltem Licht die Aufmerksamkeit der Katze mit einer Taschenlampe und lenken Sie sie zum Rascheltunnel.

❷ LICHTPUNKTE Wenn die Katze im Rascheltunnel liegt oder sitzt, projiziert man an den Seiten des Rascheltunnels Lichtflecken und bewegt diese langsam.

❸ MAL GROSS, MAL KLEIN Durch unterschiedliche Abstände zwischen Taschenlampe und Rascheltunnel kann man die Größe und die Intensität der Lichtsterne variieren.

❹ UMGELENKT Nachdem die Katze ausgiebig versucht hat, die Lichtsterne zu fangen und das Spiel Fahrt aufgenommen hat, wechselt man zu einem greifbaren Spielobjekt und spielt damit weiter.

TRAINIERT: Beweglichkeit, Beobachtungsgabe
ERMÖGLICHT: Einsatz als Auftaktspiel
GEEIGNET FÜR: ältere Katzen

2

3

NEUE ORTE, NEUER SPIELSPASS

Der altbekannte Rascheltunnel gewinnt wieder an Bedeutung, wenn er in anderer Umgebung neu in Szene gesetzt wird.

MEIST LIEGT DER RASCHELTUNNEL mitten im Wohnzimmer, wo sich ein Großteil des Alltags von Mensch und Katze abspielt. Und da ist er streng genommen auch richtig aufgehoben. Dennoch nutzt sich die „Faszination Rascheltunnel" mit der Zeit ab. Entweder packt man den Rascheltunnel für eine Zeit ganz weg oder aber man veranstaltet eine Rascheltunnelreise. Denn wer hat gesagt, dass der Tunnel seinen Standort nie verlassen darf? Mal abgesehen vom reinen Zimmerwechsel, beispielsweise vom Wohnzimmer in das Büro, kann das beliebte Spielzeug auch auf den Balkon wandern, in der leeren Badewanne liegen oder im Wohnzimmer unter dem Tisch neu platziert werden.

❶ **ORTSWECHSEL** Nehmen Sie den Rascheltunnel aus seiner gewohnten Umgebung und platzieren Sie ihn an anderer Stelle.

❷ **BALKONIEN** Mögliche Alternativen zum Wohnzimmer sind alle anderen Zimmer oder die leere Badewanne, wo es sich sehr schön mit Tischtennisbällen spielen lässt. Auch der Balkon bietet sich an, sofern vorhanden. Gerade im Frühjahr und Frühsommer genießt die Katze die frische Luft und erste wärmende Sonnenstrahlen und fühlt sich in ihrem Rascheltunnel heimisch und geschützt.

❸ **ALTER SPASS, GANZ NEU** Die Katze kann den „neuen" Rascheltunnel erkunden, darin entspannen, mit dem Katzenkumpel spielen und alle Spiele werden wie gehabt am neuen Ort gespielt.

EIN TIPP Neben dem klassischen, einarmigen Rascheltunnel, gibt es verschiedene Modelle, die eine schöne Alternative oder eine Ergänzung zum bisherigen Modell darstellen. Mehrarmige Rascheltunnel bieten Raum für wilde Verfolgungsjagden mehrerer Katzen. Rascheltunnel mit Druckknöpfen lassen regelrechte Tunnelsysteme in beliebiger Länge entstehen, in denen sich die Katzen nach Herzenslust verstecken können. Darüber hinaus gibt es Modelle mit kuscheligen Plüschbesätzen, die im Winter auf dem Balkon einen gemütlichen Lauerplatz abgeben. Auch Krabbelröhren für Kleinkinder lassen sich als Rascheltunnel einsetzen.

TRAINIERT: Anpassungsfähigkeit
ERMÖGLICHT: Abwechslung
GEEIGNET FÜR: aktive, neugierige Katzen

1

2

3

4

WASSERSPIELE –

NICHT NUR FÜR HEISSE TAGE

WASSERMUFFEL? – VON WEGEN!

Nicht alle Katzen sind wasserscheu. Im Gegenteil – viele Katzen lieben es, sich spielerisch mit Wasser zu beschäftigen und das können wir uns auch im Spiel zunutze machen. Ganz gleich, ob an heißen Sommertagen auf dem Balkon oder ganzjährig in der Wohnung.

VON WASSERHÄHNEN UND ZIMMER-BRUNNEN Neben tropfenden Wasserhähnen, denen so manch eine Katze nicht widerstehen kann, können auch dekorative Katzenzimmerbrunnen für Abwechslung im Katzenhaushalt sorgen. Fließendes oder tröpfelndes Wasser wird zudem häufig als attraktiver empfunden als ein schnöder Wassernapf, sodass mit dem Aufstellen eines Zimmerbrunnens gleich mehrere Fliegen mit einer Klappe geschlagen werden können. Einerseits animiert er die Katze zum Trinken und verbessert somit ihren Wasserhaushalt. Andererseits wird die Luftfeuchtigkeit in der Wohnung erhöht und trägt so zum Wohlbefinden von Mensch und Katze bei. Mit Wasser gefüllte Schalen erfüllen einen ähnlichen Zweck. Außerdem kann die Katze im flachen Wasser nach Kieselsteinen pfoteln und bei höherem Wasserstand ihre Geschicklichkeit mit erfrischenden Angelspielen unter Beweis stellen.

FÜR GÄRTNER Beim Gießen der Zimmerpflanzen kann man die Katze wunderbar an der Hausarbeit teilhaben lassen. Hierbei sollte man unbedingt auf Dünger im Gießwasser verzichten, außerdem darf die Katze nur bei unbedenklichen Pflanzen in das Spiel mit einbezogen werden. Dabei bietet sich auf dem Balkon die Gelegenheit, mit der Gießkanne etwas mehr herumzuplanschen, als beispielsweise auf der Fensterbank. Die Katze kann dort auf schrägen Untergründen den Weg der Wassertropfen verfolgen, bis sie schließlich in einer Fliesenfuge oder Regenrinne verschwunden sind. Und wenn sich die Sommerhitze breit gemacht hat, gibt es mit lustigen Eiswürfeln die nötige Abkühlung. Zur Abkühlung ist übrigens auch ein übergroßer Tonkübel geeignet, den man ordentlich wässert, bis er sich vollgesogen hat. Dann kann man ihn mit dem Boden nach oben möglichst schattig aufstellen. Die Verdunstung des Wassers sorgt, ähnlich einem Weinkühler, für herrliche Abkühlung rund um den Kübel, den die Katze an heißen Tagen sicherlich zu schätzen weiß.

LECKERE SCHIFFCHEN ZUM ANGELN

Die Sonne scheint und in einer Wasserschale schwimmen kleine Schiffchen, die mit köstlichen Leckereien für die Katze beladen sind.

DAS WASSERBECKEN mit schwimmenden Leckereien oder Spielzeugen ist nicht nur im Sommer ein Hit für Katzen. Jedoch macht es ihnen bei Sonnenschein auf dem Balkon ganz besonders viel Spaß, nach den Leckereien zu angeln, da das Wasser eine angenehme Abkühlung bietet.
Die Zutaten sind allesamt im Haushalt zu finden, können aber selbstverständlich durch spezielle Utensilien ersetzt oder ergänzt werden. Ob man eine Salat- oder Waschschüssel verwendet oder lieber eine dekorative Glasschale, die eigens für das Angelspiel angeschafft wurde, bleibt jedem selbst überlassen. Möchte man das Wasserbecken mit Kieselsteinen und anderen Dingen ausschmücken und längere Zeit aufgestellt lassen, ist eine größere Grundfläche sicherlich passender, da man diese abwechslungsreicher gestalten kann. Zum Ausprobieren reichen aber die üblichen Haushaltsartikel. Findet die Katze Gefallen an dem Spiel, kann entsprechend aufgerüstet werden. Kunststoffgefäße, zum Beispiel Waschschüsseln, geschlossene Wäschekörbe oder Babybadewannen, sind leichter und für große Kieselsteindekorationen besser geeignet als Glasschalen. Dafür bieten Glasbehältnisse den schöneren Einblick in das Wasser, sodass man herrlich beobachten kann, wie die Katze im Wasser pfotelt, trinkt und mit den Schiffchen spielt.

SCHIFFCHEN Als Schwimmobjekte eignen sich zum Beispiel gereinigte, leere Teelichthüllen aus Aluminium oder Kunststoff, kleine Vorratsdosen, Eierbecher aus Kunststoff, Flaschendrehverschlüsse und vieles mehr, was in der Haushaltsschublade zu finden ist. Die Hauptsache ist, dass die Behälter klein, leicht und schwimmfähig sind. Sogar gefaltete Papierschiffchen funktionieren, zumindest so lange, bis sie sich mit Wasser vollgesogen haben und mitsamt der Ladung kentern. Badewannenspielzeuge für Babys und Kleinkinder bieten ebenfalls einen guten Fundus, um dekorative Schwimmobjekte zu ergänzen.

❶ **FAHRWASSER** Eine Schüssel mit Leitungswasser füllen und an einem Standort aufstellen, an dem ein paar Wassertropfen keinen Schaden anrichten.

❷ **TEELICHT-BOOTE** Aus mehreren Teelichtern entfernt man die Kerzen und reinigt die Hüllen.

❸ **LADUNG LÖSCHEN** Je nach Größe der Wasserschüssel werden drei bis fünf der Teelichthüllen mit kleinen Leckereien beladen und ins Wasser gesetzt. Die Katze kann nun mit den Pfoten versuchen, die Ladung herauszuangeln oder sie nimmt ihre Zähne zur Hilfe und setzt das ganze Schiffchen aufs Trockene.

TRAINIERT: Geschicklichkeit
ERMÖGLICHT: Erfrischung an heißen Tagen
GEEIGNET FÜR: aktive, neugierige Katzen

1

2

3

TEELICHTANGELN FÜR FORTGESCHRITTENE

Die Angelprofis unter den Katzen bekommen mit diesem Spiel eine neue Herausforderung, denn die Schwimmobjekte nehmen nun ordentlich Fahrt auf.

EINE GRÖSSERE, längliche Wasserschale bietet eine ausreichend lange Strecke, um die schwimmenden Schiffchen aus leeren Teelichtern in Schwung zu bringen und mit erhöhter Geschwindigkeit zu spielen. Die leichten Aluminiumschälchen lassen sich sehr gut angeln. Da sie jedoch mit einem angeklebten Bindfaden gezogen werden, muss sich die Katze schon etwas mehr anstrengen, um erfolgreich zu sein. Diese Spielidee ist als Steigerung geeignet, wenn das Spiel „Leckere Schiffchen" bereits erfolgreich gespielt wurde.

❶ GROSSER TEICH Die Wasserschale an geeigneter Stelle platzieren und mit Wasser füllen.

❷ FAHRENDER KAHN Eine Teelichthülle (oder einen schwimmbaren Behälter) präparieren, indem man am oberen Rand von außen einen etwa 50 cm langen Bindfaden klebt. Ein kleines Stückchen Klebeband genügt.

❸ MIT BUGWELLE Füllen Sie die Teelichthülle mit Leckerchen oder Spielzeug und ziehen diese am Bindfaden durch das Wasser. Dabei wird die Geschwindigkeit an die Katze gepasst, sodass sie eine Gelegenheit hat, das Teelicht zu angeln.

TRAINIERT: Geschicklichkeit
ERMÖGLICHT: Erfrischung an heißen Tagen
GEEIGNET FÜR: aktive, neugierige Katzen

GEMEINSAME PFLANZENPFLEGE

Die Pflanzenbegeisterten unter den Katzen lieben es geradezu, beim Blumengießen zu helfen und dabei hin und wieder ein paar Tröpfchen Wasser zu fangen.

BLUMENGIESSEN gehört in den meisten Haushalten zu den alltäglichen Arbeiten, die ganz nebenher erledigt werden. Gemeinsam mit Katzen kann die Bewässerung der Zimmer- und Balkonpflanzen jedoch richtig Spaß machen. Vorausgesetzt man bezieht seine Katze in diese Aufgabe mit ein und lässt sich etwas mehr Zeit dabei. Gießkannen mit kleiner Gießöffnung eignen sich besonders gut, da man mit ihnen das Wasser für die Blumen auf der Fensterbank fein dosieren kann und somit indoor nicht so viel daneben geht. Auf dem Balkon kann man zur Freude der Katze richtig herumplanschen und mit unterschiedlichen Wassermengen und Gießhöhen spielen. Erst tröpfelt nur ein kleines Rinnsaal aus der Kanne, schließlich rauscht ein kräftiger Wasserstrahl heraus, in den die Katze ein Pfötchen stecken kann. Das Wasser darf keine Düngemittel, auch keinen Restdünger enthalten und die Pflanzen sollten für die Katze unbedenklich sein. Es versteht sich von selbst, dass die Katze nicht absichtlich nass gemacht werden darf, sondern sich dem Wasser von allein, soweit sie mag, nähern soll.

❶ VOLLE KANNE Eine saubere Gießkanne mit Wasser füllen und gemeinsam mit der Katze zu den Blumentöpfen gehen.

❷ TRÖPFCHENWEISE Unter Beobachtung der Katze kleine Mengen Wasser in die Blumentöpfe gießen, bis ihr Interesse geweckt ist.

❸ WASSER MARSCH! Nun können Sie kleinere und größere Wassermengen abwechseln und dabei auch gelegentlich die Gießhöhe variieren. Die Katze kann trinken, pfoteln und mit dem Wasser spielen.

TRAINIERT: Beobachtungsgabe
ERMÖGLICHT: Erfrischung an heißen Tagen
GEEIGNET FÜR: aktive, neugierige Katzen

1

2

1

2

TROPFENFANGEN

Tröpfelndes Wasser erzeugt optische wie auch akustische Reize und animiert viele Katzen, sich näher mit dem Element Wasser zu beschäftigen.

DER WASSERHAHN im Bad oder in der Küche stellt für viele Katzen eine große Versuchung dar. Viele Katzen lieben es, direkt vom Hahn zu trinken und können Stunden damit verbringen, Tropfen zu beobachten. Entweder verschließt man das Becken mit dem Stöpsel und lässt winzige Wassermengen in das Becken tropfen oder man dreht einen feinen Wasserstrahl auf. Hat sich das Becken mit dem Stöpsel ein wenig mit Wasser gefüllt, können auch hier Schwimmobjekte eingesetzt und Angelspiele gespielt werden.
Nicht jeder Katzenhalter ist damit einverstanden, seine Waschbecken zur Verfügung zu stellen. Ist das der Fall, lässt sich dieses Spiel auch mit einem Wasserglas und einer Schüssel spielen.

❶ **TROPFENDER WASSERHAHN** Den Wasserhahn in der Küche oder im Bad aufdrehen, sodass nur einzelne Tropfen oder ein dünnes Rinnsal herauslaufen.

❷ **UMLENKEN** In Gegenwart der Katze mit dem Finger das Wasser seitlich lenken, sodass die Katze in sicherem Abstand beobachten, daran riechen und schlecken kann.

❸ **MAL MEHR, MAL WENIGER** Ist ihr Interesse geweckt, kann man die Wassermenge variieren.

TRAINIERT: Beobachtungsgabe
ERMÖGLICHT: Erfrischung an heißen Tagen
GEEIGNET FÜR: aktive, neugierige Katzen

EISWÜRFELJAGD

Mit Eiswürfeln lassen sich auf dem Balkon oder im Badezimmer wilde Jagden veranstalten. Ein Spiel für Katzen, die richtig auf Zack sind.

GERADE AN HEISSEN SOMMERTAGEN tut eine kleine Abkühlung gut. Gewöhnliche Eiswürfel aus Leitungswasser lassen sich wunderbar anstoßen, über den Balkon- oder Badezimmerboden schlittern und fangen. Wenn sie dabei an andere Gegenstände stoßen, flitzen sie wie eine Flipperkugel mit hoher Geschwindigkeit im Zickzackkurs umher, bis sie schmelzen und das Wasser aufgeschleckt werden kann. Bei ängstlichen oder schüchternen Katzen sollte erst langsam mit dem Spiel begonnen werden, um sie nicht zu erschrecken. Denn der Zickzacklauf der Eiswürfel geht nicht gerade lautlos vonstatten, sondern macht bisweilen schleifende und klappernde Geräusche. Besonders aktive Katzen können oft nicht genug davon bekommen, hinter den flotten Eiswürfeln herzujagen.

❶ **ON THE ROCKS** Einen Eiswürfel aus dem Eisfach holen und auf die Badezimmerfliesen oder den Balkonboden legen.

❷ **RUTSCHPARTIE** Den Eiswürfel sachte anstoßen, um ihn in Bewegung zu setzen und in die Richtung Katze rutschen zu lassen. So lange wiederholen, bis die Katze Interesse zeigt.

❸ **TEMPO IM SPIEL** Die Geschwindigkeit des Eiswürfels erhöhen und ihn beim Anstoßen in verschiedene Richtungen lenken, bis die Katze das Spiel übernimmt.

TRAINIERT: Reaktionsvermögen
ERMÖGLICHT: Erfrischung an heißen Tagen
GEEIGNET FÜR: aktive, neugierige Katzen

1

EISSCHOLLEN ANGELN

Flache Eisplatten schwimmen wie Eisschollen auf der Wasseroberfläche und fordern die Geschicklichkeit der Katze beim Herunterangeln von Gegenständen heraus.

NUR MIT VIEL FEINGEFÜHL ist es möglich, kleine Leckerchen oder Spielzeuge von der schwimmenden Eisscholle herunter zu angeln. Dabei sind die Größe der Eisplatte und der Wasseroberfläche entscheidend, ob das Angeln schwieriger oder leichter ist. Für Anfänger sollte die Eisplatte mindestens die Größe eines Bierdeckels haben, um ein erstes Erfolgserlebnis zu erzielen, und das Becken nicht größer als eine Salatschüssel sein. Angelprofis bekommen mit der Zeit auch kleinere Eisschollen in größeren Becken unter die Pfote und müssen dabei ganz schön aufpassen, dass die Ladung nicht ins Wasser fällt. Wer es dekorativer mag, kann einzelne Katzenminzeblätter in die Eisscholle mit einfrieren. Auch mit umfunktionierten Sandförmchen oder leeren Pralinenverpackungen lassen sich hübsche Eisspielzeuge herstellen.

❶ **EISSCHOLLE** Einen flachen Behälter bis zu 1 cm mit Wasser füllen und einfrieren.

❷ **MINI-EISBERGE** Eine Salat- oder Waschschüssel mit Wasser füllen und die Eisplatte auf der Wasseroberfläche schwimmen lassen.

❸ **ANGELSPASS** Auf die Eisplatte legt man nun ein kleines Spielzeug oder Leckerchen, dann darf die Katze angeln.

❹ **HILFESTELLUNG** Schüchternen Katzen kann man das Angeln mit der Hand vormachen, damit sie beobachten können, was passiert, bevor sie sich selbst daran versuchen.

TRAINIERT: Tastsinn
ERMÖGLICHT: Erfrischung an heißen Tagen
GEEIGNET FÜR: aktive, neugierige Katzen

GEFROSTETE SPIELZEUGE

Aus Eiswürfeln schauen bunte Spielzeuge hervor, die den Forscherdrang der Katze wecken und erst mit der Zeit ganz zum Vorschein kommen.

WASSERFESTE SPIELZEUGE in Eis sind eine wunderbare Abwechslung und regen den Forscherdrang der Katze an. Denn ein kleines Stück des Spielzeugs schaut schon hervor. Bevor das Spielzeug jedoch ganz vom Eis freigegeben wird, muss gepfotelt und geschleckt werden, bis das Eis geschmolzen ist. Als Eisgefäße eignen sich Sandförmchen, leere Fischkonservendosen, kleine Joghurtbecher oder herkömmliche Eiswürfelformen, die es auch in vielen dekorativen Formen aus Silikon gibt. Die Spielzeuge sollten aus Kunststoff oder Gummi sein, zum Beispiel Bällchen oder Gummi-Pompoms.

❶ **EISFÖRMCHEN** mit Wasser füllen und Spielzeuge darin platzieren. Einen Teil des Spielzeugs aus dem Wasser herausschauen lassen.

❷ **EISKALT** Die Eisförmchen ins Gefrierfach legen und gut durchfrieren lassen.

❸ **DIE FERTIGEN FROSTSPIELZEUGE** einzeln herausholen und der Katze auf wasserunempfindlichem Untergrund (zum Beispiel im Badezimmer oder auf dem Balkon) zum Spiel anbieten.

❹ **SCHLITTERN** Schubsen Sie die frostigen Spielzeuge von Hand an, bis das Interesse der Katze geweckt ist und sie beginnt, das Spielzeug zu untersuchen.

TRAINIERT: Tastsinn
ERMÖGLICHT: Erfrischung an heißen Tagen
GEEIGNET FÜR: aktive, neugierige Katzen

1

2

3

KORDELSPIELE –

ANIMATION MIT SCHNÜREN

KORDELN, KNÄULE, BUNTE BÄNDER

Um es gleich vorwegzunehmen: Sicherheit geht vor und Katzen sollten beim Spiel mit Kordeln, Bändern und Schnüren jeglicher Art niemals unbeaufsichtigt sein.

EINSCHNEIDEND Zu dünne Kordeln oder Bänder können außerdem Schnittverletzungen im Maul, zwischen den Zähnen oder auch zwischen den Zehen verursachen. Nicht geeignet sind demnach Geschenkbänder (Kräuselband), dünne Bindfäden, Nylonfäden oder Nähgarn und schon gar keine Zahnseide, die leider manchmal versehentlich in das Umfeld der Katze gerät und bei Verschlucken lebensgefährliche Schäden anrichten kann. Je nach Spielidee eignen sich Lederbänder, die zudem einen angenehmen Ledergeruch verströmen, Sisalschnüre und eben Kordeln und Bänder, die nicht zu scharfkantig sind oder anderweitig gefährlich werden können.

SPIELZEUGE MIT GUMMIBÄNDERN sollten ebenfalls vorsichtig und nur unter Aufsicht verwendet werden. Dies betrifft zum Beispiel die kleinen Stofftiere an langen Gummibändern, die mit einer Kunststoffhalterung am Türrahmen befestigt werden oder jegliche Bommel und Spielzeuge, die mit einem Gummiband am Kratzbaum befestigt sind. Denn hat die Katze solch ein Spielzeug ergriffen und möchte damit davon laufen, baut sich durch das Gummiband schnell eine hohe Spannung auf, sodass die Anhängsel zu regelrechten Geschossen werden und somit für Katze und Mensch gefährlich werden können.

SACHTE SPIELEN Neben dem Material sollte man auch beim Spiel behutsam vorgehen, sobald die Katze die Schnur in irgendeiner Form festhält, sei es, indem sie hineinbeißt oder mit ihren Pfoten danach greift. In solchen Momenten sollte man nicht zu stark ziehen oder festhalten, um Verletzungen zu vermeiden. Das gilt übrigens auch beim Spiel mit der Katzenangel. Möchte die Katze das Spielzeug nicht mehr hergeben, weil sie es soeben stolz erbeutet hat, ist es besser, vorerst loszulassen und der Katze die Kordel anschließend mit entsprechendem Feingefühl abzunehmen.

LOS GEHT'S Wenn man die Sicherheitsvorkehrungen beherzigt, können Mensch und Katze jedoch eine Menge Spielspaß mit Bändern, Seilen und Schnüren haben, denn sie eignen sich hervorragend, um Spielzeuge daran festzubinden, die dann gezogen oder geworfen werden können. Für Fangspiele in der Luft eignen sich eher leichte Kordeln und Schnüre. Für Angel- und Jagdspiele, die mit längerer Schnur gespielt werden, hat sich einfaches Haushalts- oder Paketband bewährt. Wird eine kürzere Schnur benötigt, lässt es sich auch mit Schnürsenkeln oder Lederbändern spielen. Am besten schaut man, welche Utensilien gerade vorhanden sind und testet dann die unterschiedlichen Materialien.

KORDEL WERFEN

Manchmal ist es gar nicht so einfach, ein Spielzeug wie ein kleines Beutetier zu bewegen, um die Katze in Spiellaune zu versetzen.

1

2

RAUE WÄNDE und Oberflächen gibt es in nahezu jedem Haushalt: vom mit Sisal umwickelten Kratzbaum über die mit Sisal bespannte Kratztonne bis zu Rauputzwänden und Korbgeflechten. Eine leichte Kordel, zum Beispiel ein dicker Wollfaden, bleibt bei Kontakt mit solch einer rauen Oberfläche daran haften, fällt dann aber bei geringem Luftzug ruckartig und unvorhersehbar herunter. Das finden die meisten Katzen äußerst spannend, denn die Bewegungen kommen dem Verhalten einiger Beutetiere recht nah.

❶ **FADENWERFEN** Ein etwa 30 cm langer Wollfaden wird in Gegenwart der Katze an eine raue Oberfläche, (zum Beispiel eine Wand mit Rauputz) geworfen, sodass der Faden daran haften bleibt.

❷ **WIE EINE RAUPE** Nun berührt man den Faden leicht, bis er ruckartig abfällt. Das wiederum wird die Katze interessieren und sie versucht, die Schnur zu fangen.

❸ **WIEDERHOLUNG** War die Katze erfolgreich, wird der Faden erneut an die Fläche geworfen und das Spiel beginnt von vorn.

TRAINIERT: Beobachtungsgabe, Geschicklichkeit

ERMÖGLICHT: kurze Spielsequenzen

GEEIGNET FÜR: ältere Katzen

KNÄUEL JAGEN

Ein großes Kordelknäuel macht sich selbständig und kann von der Katze über mehrere Meter gejagt werden. Viel Spaß bei geringem Aufwand.

FÄLLT EIN KNÄUEL Paketband zu Boden und wickelt sich eigenständig ab, kann das für den Menschen recht ärgerlich sein. Im Gegensatz dazu hat die Katze meistens großen Spaß daran, dem Knäuel hinterherzujagen. Damit nicht viele Meter abgerollt werden und sich zu einem unbrauchbaren Knoten verheddern, kann man vorbeugen, indem man im Vorfeld die Länge der Kordel vom Knäuel abrollt, die man als Jagddistanz anbieten möchte. Danach wird die Kordel einmal fest um das Knäuel geknotet.

❶ DAS PERFEKTE KNÄUEL Etwa drei Meter oder mehr von einem Knäuel Sisal oder einer anderen festen, dicken Schnur abwickeln und nicht abschneiden, sondern fest um das Knäuel knoten, sodass sich der Rest nicht abwickeln kann.

❷ ABGEROLLT Die abgewickelten Meter werden wieder aufgerollt, dann kann man die Schnur am Ende festgehalten und in Richtung Katze rollen. Sobald die Kordel abgewickelt ist, zieht man an der Schnur, damit sich das Knäuel bewegt.

❸ JOJO-EFFEKT Das Knäuel an der Kordel zurückziehen und erneut aufwickeln und wegrollen. Verschwindet das Knäuel hinter dem Vorhang oder rollt die Treppe hinunter, kann das besonders reizvoll für die Katze sein.

TRAINIERT: Beweglichkeit
ERMÖGLICHT: Spiel mit der Katze, bei körperlicher Einschränkung des Menschen
GEEIGNET FÜR: junge, aktive Katzen

1

2

MAUSFANTASIEN

Bei diesem Spiel kann sich die Katze der Illusion hingeben, dass sie mit echter Beute spielt. Denn woher sollten die Bewegungen unter dem Teppich sonst wohl kommen?

EINFACH SPANNEND, wenn sich etwas unter Teppichen oder Decken bewegt – ein guter Grund für die Katze, die Situation genau zu untersuchen. Es gibt Katzen, die Stunden damit verbringen, solche Bewegungen zu belauern. Hier ist Geduld beim Spiel gefragt, damit auch Lauerkatzen auf ihre Kosten kommen. Andere Katzen hingegen gehen sofort zum Angriff über und stürzen sich mit Wonne auf die vermeintliche Beute, weshalb man die Bewegungen tunlichst nicht mit den Händen oder Füßen herbeiführen sollte. Schließlich ist es kein Problem für Katzenkrallen, sich durch Textilien zu bohren.

❶ MÄUSESCHNUR An einer etwa zwei Meter langen Kordel im Abstand von etwa 15 cm, kleine Spielzeuge, zum Beispiel Spielmäuse, festbinden.

❷ UNTERIRDISCHE GÄNGE Die Kordel mit den Spielzeugen unter einen Badvorleger oder einen kleinen Baumwollwebteppich legen und ein Ende festhalten, um daran zu ziehen.

❸ BEWEGUNG UNTERM TEPPICH Nun wird ruckartig an der Kordel gezogen, um die Spielzeuge unter dem Teppich zu bewegen. Die Bewegungen immer mal wieder einfrieren, um die Spannung zu steigern.

TIPP Der Spielteppich kann auch mit Katzenminzespray besprüht werden, um das Interesse der Katze zu verstärken. Ein eigener Katzenteppich ist sinnvoll, da dieser dann auch problemlos mit dem Katzenminzespray besprüht werden kann, das unter Umständen auf hellen Textilien Flecken verursacht. Außerdem hat die Katze „ihren“ Teppich und kommt nicht auf die Idee, sich an ungeeigneten bzw. wertvollen Textilien zu vergreifen.

TRAINIERT: Beobachtungsgabe
ERMÖGLICHT: ausgiebiges Lauern mit anschließendem Auspowern
GEEIGNET FÜR: aktive Katzen

MAUS AN DER KORDEL

Ein Spielzeugmäuschen, das sich an einer Kordel durch die Wohnung bewegt, lockt Mieze sicher hinter dem Ofen hervor.

MIT DEM SPIELZEUGMÄUSCHEN an der Kordel kann man mitsamt der Maus hinter Türen, Vorhängen und Zimmerecken verschwinden. Bei gedämpftem Licht kann das Ganze gleich noch mal so spannend werden. Verringern und vergrößern Sie die Distanz zwischen Katze und Maus, das steigert die Spannung, bis die Maus schlussendlich gefangen wird und das Spiel von vorn beginnen kann. Besonders lebhafte Katzen kommen bei höherer Spielgeschwindigkeit auf ihre Kosten. Für die ruhigeren Vertreter kann das Spiel langsamer und dafür mit mehr Lauereinheiten gespielt werden.

❶ VERLÄNGERUNGSSCHNUR Am Schwänzchen einer Spielzeugmaus wird eine etwa 5 m lange Kordel festgeknotet.

❷ HINTERHERGEZOGEN Nun wird die Spielzeugmaus an der Kordel durch die Wohnung gezogen. Lassen Sie die Katze immer wieder herankommen, um dann erneut die Distanz zu vergrößern. Dabei verschwindet die Maus hinter Ecken, Türen und Vorhängen.

❸ TEMPOLIMIT Das Tempo wird an die Bedürfnisse der Katze angepasst, sodass sowohl ruhige als auch lebhafte Tiere auf ihre Kosten kommen.

TRAINIERT: Beweglichkeit
ERMÖGLICHT: ruhiges und lebhaftes Spiel
GEEIGNET FÜR: aktive Katzen

READY FOR TAKEOFF

Um die fliegende Maus zu fangen, muss sich die Katze recken, strecken oder springen. Ein feines Spiel, um auch gemütliche Katzen aus der Reserve zu locken.

EINE FLIEGENDE MAUS ist zwar nicht ganz naturgetreu, dafür lässt sich diese hervorragend an einer Kordel festbinden. Alternativ kann auch ein Minzekissen oder ein anderes kleines Spielzeug an der Schnur befestigt werden. Wenn das Spielzeug erst einmal vom Boden abhebt, werden auch gemütliche Katzen wach und versuchen, die Beute mit mehr oder weniger Elan zu fangen. Den ruhigeren Katzen sollte man genügend Zeit geben, um sich auf das Spiel einzustellen. Mit Geduld und Fingerspitzengefühl werden sich auch diese Katzen zum Spiel animieren lassen. Sie sollten die Katze nicht mit dem Spielzeug berühren, da die Beute in der Natur auch keinen Körperkontakt provozieren würde. Werden Sie also nicht zum Angreifer, sondern mimen Sie gekonnt die Beute.

❶ **FESTGEBUNDEN** Spielmaus oder anderes Spielzeug an einer etwa 2 Meter langen Kordel befestigen.

❷ **SCHWINGEN** Das Spielzeug an der Kordel hochheben und in der Luft pendeln lassen.

❸ **LANDEN** Ab und zu absetzen, um auch gemütlichen Katzen eine Chance zu geben.

❹ **FLUGHÖHE VARIIEREN** Ist das Interesse der Katze geweckt, können Flughöhe und -geschwindigkeit erhöht werden.

TRAINIERT: Beweglichkeit
ERMÖGLICHT: Animation gemütlicher Katzen
GEEIGNET FÜR: ruhige, aber auch aktive Katzen

KORDELWEITWURF

Mäuschen werfen, ziehen und dann ganz entspannt an der Kordel zurückholen – so lässt es sich sogar bequem vom Sofa aus spielen.

NOCH EIN SPIEL FÜR ZWEIBEINER, die vielleicht nicht ganz so beweglich sind und sich gerade nicht gut nach Spielzeugen bücken können. Denn auch wenn die Zeit etwas knapp erscheint oder die Fitness des Menschen nicht zum Besten steht, sollte das Unterhaltungsprogramm der Katze nicht ausfallen. Die Maus an der Kordel kann mit anderen Spielzeugen, wie zum Beispiel einem Rascheltunnel oder Karton, kombiniert werden. Werfen Sie die Maus in den Rascheltunnel oder den Karton oder ziehen Sie sie dahinter entlang, damit die Katze die Jagd aufnehmen kann.

❶ FESTGEBUNDEN Am Ende einer etwa 5 m langen Kordel wird ein kleines Spielzeug festgeknotet.

❷ VOM SOFA AUS kann man das Spielzeug mit einer Hand werfen und mit der anderen wird das Ende der Kordel festgehalten.

❸ MAUS IN BEWEGUNG Dann zieht man es ruckartig, Stück für Stück wieder in Richtung Sofa. Die Katze darf immer wieder an das Spielzeug herankommen, bis die Beute mit einem weiteren Satz „flüchtet“.

❹ ABGETAUCHT Zur Abwechslung wirft man das Spielzeug in den Rascheltunnel oder einen Karton mit Papierfüllung und erzeugt durch den Zug an der Schnur Bewegungen, bis das Spielzeug gefangen wird.

TRAINIERT: Beobachtungsgabe
ERMÖGLICHT: Spiel mit der Katze, bei eingeschränkter Beweglichkeit des Menschen
GEEIGNET FÜR: aktive Katzen

1

2

IM ÜBERBLICK –

SPIELZEUGE UND SPIELREGELN

SPIELZEUGE UND MATERIALIEN

Bei allen Spielideen wurden klassische Spielzeuge eingebunden, die in nahezu jedem Katzenhaushalt zu finden sind. Diese gibt es in verschiedenen Formen und Größen sowie aus unterschiedlichen Materialien, die nach individueller Vorliebe der Katze ausgewählt werden können:

- Spielzeugmäuse
- Bälle
- kleine Plüschtiere
- Katzenangeln
- Rascheltunnel
- Raschelkissen
- Katzenminzekissen
- Laserpointer oder Taschenlampe

Ergänzend zu den Spielzeugklassikern werden bei den Spielideen Materialien und Utensilien aus dem Haushalt verwendet:

PAPIER-, KARTON- UND PAPPROLLENSPIELE:
- Pappkartons und -verpackungen unterschiedlicher Größe
- Altpapier und Zeitungspapier
- Butterbrottüten aus Papier
- große Papiertüten
- leere Toilettenpapierrollen
- leere Küchenpapierrollen
- leere Geschenkpapierrollen
- leere Konservendosen und Marmeladengläser
- Paketbänder aus Kunststoff

SPIELE MIT LICHT UND SCHATTEN:
- Taschenlampe
- Stehlampe

WASSERSPIELE:
- große Salatschüssel
- Waschschüssel
- Eisförmchen
- Sandförmchen
- kleine Verpackungen aus Kunststoff
- Flaschenverschlüsse
- Korken

KORDELSPIELE:
- Packschnüre
- dicke Wolle
- Sisalband
- Bindfaden
- Lederbänder
- Schnürsenkel

ZUM BASTELN:
- Schere
- Cuttermesser
- Klebeband
- doppelseitiges Klebeband
- Buntstifte nach Wahl

ALLGEMEINE SPIELHINWEISE

- Kordelspiele und Spiele mit Katzenangeln und Bändern nur unter Aufsicht spielen und nach dem Spiel gut verstauen
- Kleinteile an Spielzeugen entfernen
- auf giftige Materialien achten und auf diese verzichten
- beliebte Spielzeiten der Katze einbeziehen
- Katze nicht während des Schlafs wecken und zum Spiel auffordern
- die Spielzeiten der Katze, wenn nötig, schrittweise umlenken
- Spielaufforderungen der Katze ignorieren, wenn der Zeitpunkt nicht gewünscht ist (zum Beispiel nachts)
- die Katze nie zu etwas zwingen
- die Vorlieben der Katze kennenlernen und berücksichtigen
- stets mit Zeit und Geduld spielen
- nicht mit den Händen als Beute spielen, um Kratzer und Bisse zu vermeiden
- bei versehentlichen Kratzern durch die Katze das Spiel unterbrechen, um zu signalisieren, dass das Kratzen nicht erwünscht ist
- auf die Individualität und das Temperament der Katze eingehen
- Alter, Gewicht, Erkrankungen, Vorlieben berücksichtigen
- Spielzeuge abwechselnd anbieten und immer wieder einmal wegpacken
- Baldrian- und Katzenminzespielzeuge nach dem Spiel trocknen und luftdicht verstauen, damit das Aroma länger erhalten bleibt
- bei Spielen mit Leckerchen diese von der Tagesration abziehen, um eine Gewichtszunahme zu vermeiden
- Kordelspiele und Spiele mit Katzenangeln und Bändern nur unter Aufsicht spielen und nach dem Spiel gut verstauen
- Henkel an Papiertüten durchtrennen oder ganz abschneiden

NICHT AUFGEBEN, WENN DIE KATZE NICHT SPIELEN MAG

Nahezu jede Katze lässt sich mit den richtigen Spielzeugen und den passenden Spielideen zum Spiel animieren. Es gibt jedoch in der Tat Katzen, bei denen es nicht ganz so einfach herauszufinden ist, welches Spiel und welches Spielzeug sie besonders mag. Zuerst sollte untersucht werden, ob die Katze gesund ist. Da Katzen sehr tapfere Patienten sind und sich lange Zeit nicht anmerken lassen, wenn sie Schmerzen haben, kann auch das der Grund sein, weshalb sie nicht spielen möchte. Ist eine Krankheit ausgeschlossen, können die folgenden Rahmenbedingen untersucht werden:

- Passt die Uhrzeit oder muss eventuell erst ein gemeinsames, passendes Zeitfenster gefunden werden?
- Fühlt sich die Katze beim Spiel gestört? Liegt es am Raum oder ist ein anderer Ort besser geeignet?
- Braucht die Katze mehr Zeit, da sie gerne lauert?
- Wird vielleicht übersehen, dass sie bereits im „Lauermodus“ ist und eigentlich schon spielt? (auf Körpersprache achten)
- Passen das Spiel und die Geschwindigkeit zum Temperament der Katze?
- Könnten neue Spielzeuge oder andere Spielideen attraktiver sein?
- Hat man selbst Zeit und Lust, zu spielen?

Auch wenn es so scheint, als ob die Katze lieber schlafen möchte: Meist wird ein erhöhtes Schlafbedürfnis falsch interpretiert und die Katze zieht sich nur aus Langeweile zurück!

SERVICE

DAS KÖNNTE SIE AUCH INTERESSIEREN

ZUM WEITERLESEN

WEITERE BÜCHER DER AUTORIN

Ruthenfranz, Sabine: **KATZENPFLANZEN.** Geeignete Pflanzen finden, Giftpflanzen erkennen, Vergiftungen vermeiden

Ruthenfranz, Sabine: **SCHNURRIFIZIERT – VERRÜCKT NACH KATZEN.** Humor ist wenn man trotzdem schnurrt!

Ruthenfranz, Sabine: **KATZENSENIOR – ALTE KATZE.** Probleme erkennen, das Lebensumfeld bereichern, für Wohlbefinden sorgen

WEITERE BÜCHER AUS DEM KOSMOS-VERLAG

Böttjer, Andrea: **DAS KATZENBUCH FÜR KIDS.** Verstehen, erziehen, spielen. 2014

Jones, Renate (Hrsg.): **DAS KOSMOS HANDBUCH KATZEN.** 2010

Landwerth, Lena: **KATZENGLÜCK.** Bestens versorgt, ein Leben lang. 2014

Pfleiderer, Mircea: **KATZENVERHALTEN.** Von der Wildkatze zur Hauskatze; Mimik, Körpersprache und Verständigung. 2014

Seidl, Denise: **SPIEL UND SPASS FÜR KATZEN.** Die schönsten Spielideen für Stubentiger. 2010

Von Stockfleth, Bettina: **KATZENKINDER.** Auswahl, Haltung, Spiel & Spaß. 2013

ZUM WEITERCLICKEN

www.katzenfuehrerschein.de
Sind Sie katzenfit? Machen Sie den Katzenführerschein! Zudem erhalten Sie wertvolle Informationen rund um Katzenhaltung.

www.katzenspiele.org
Hier finden Sie weitere Spielideen mit und ohne Futter, Fummelbretter und vieles mehr.

www.katzenfummelbrett.ch
Pfotenfertige Vierbeiner? Hier findet man viele verschiedene Fummelbretter für geschickte Katzen.

www.treusinn.com/katze/
Ihre Katze liebt Bälle? Hier erhalten Sie schöne bunte Filzbälle aus ökologischen Materialien.

www.katzen-leben.de
Anregungen, Sicherheit und noch mehr Spielideen: Hier finden Sie alles für ein rundum gelungenes Katzenleben.

www.katzen-minze.de
Für Pflanzenfreunde und Gärtner auf vier Pfoten: Auf dieser Homepage finden Sie die Pflanzenklassiker für Katzengarten und -balkon, erfahren, was giftig ist, und erhalten schöne Ideen wie zum Beispiel die Katzenliegewiese.

DIE AKTEURE

Seit vielen Jahren engagiert sie sich im Tierschutz und berät Katzenhalter bei Haltungsfragen. Zu ihren Beratungsschwerpunkten zählen die Einrichtung der Katzenwohnung, Sicherheit im Katzenhaushalt, Beschäftigung von Wohnungskatzen, sowie Gift- und Katzenpflanzen im Katzenumfeld. Nach Ihrem Ratgeber „Katzenpflanzen – geeignete Pflanzen finden, Giftpflanzen erkennen, Vergiftungen vermeiden" hat sie mit ihrem Buch „Schnurrifiziert – verrückt nach Katzen: Humor ist, wenn man trotzdem schnurrt!" humorvolle Einblicke in ihren Alltag zwischen Business und Malzpaste gegeben.
Auf ihren Internetseiten www.katzen-minze.de und www.katzen-leben.de veröffentlicht sie Ideen und Erkenntnisse aus ihrer Arbeit mit Katzen, um Halter beim Zusammenleben mit ihren Katzen zu unterstützen.

SABINE RUTHENFRANZ schreibt für die Fachpresse der Heimtierbranche, berät Hersteller bei der Produktentwicklung für Katzenzubehör und ist Dozentin für die Themen Marketing, Kommunikation und Katze. Darüber hinaus veranstaltet sie Seminare für Katzenhalter, in denen sie mit Spaß und Humor hilfreiche Informationen zum Zusammenleben mit Katzen vermittelt. Sie lebt und arbeitet mit ihren beiden Katzen Dolly und Pauli, die sie tagtäglich bei Arbeit und Freizeit begleiten.

Fotografie und Tiere – das ist die Leidenschaft von **TATJANA DREWKA.** Geduldig fängt die junge Diplom-Fotodesignerin die schönsten Seiten der Tiere ein. Ihre Bilder kann man in zahlreichen Zeitschriften, auf Kalendern und in Ratgebern bewundern. Derzeit lebt sie mit ihrer Familie und einem kleinen Privatzoo, bestehend aus einem Hund, vier Katzen und einem Gnadenhof für Meerschweinchen und Kaninchen in Dortmund. www.tierfotoarchiv-drewka.de

REGISTER

Renate Jones (Hrsg.) | **Das Kosmos Handbuch Katzen**
320 S., €/D 19,95

Wünschen Sie sich nur das Beste für Ihren Sofalöwen? In diesem Buch erfahren Sie auf über 300 Seiten alles über Haltung und Verhalten, Rassen und Erziehung, Beschäftigung und Gesundheit. Von Katzenexperten geschrieben – aktuell, fundiert und lebensnah. Für ein rundum schönes Katzenleben.

BILDNACHWEIS

150 Farbfotos wurden von Tierfotoarchiv-Drewka/Kosmos für dieses Buch aufgenommen. Weitere Farbfotos von Oliver Giel (2; S. 72 beide), Dr. Oliver Ratajczak (1; S. 91) und Sandra Schürmans (4; S. 25 alle 4).

IMPRESSUM

Umschlaggestaltung von GRAMISCI Editorialdesign unter Verwendung von 16 Farbfotos von Tierfotoarchiv-Drewka/Kosmos (Umschlag und Klappen).

Mit 157 Farbfotos.

Alle Angaben in diesem Buch erfolgen nach bestem Wissen und Gewissen. Sorgfalt bei der Umsetzung ist indes dennoch geboten. Der Verlag und die Autorin übernehmen keinerlei Haftung für Personen-, Sach- oder Vermögensschäden, die aus der Anwendung der vorgestellten Materialien, Methoden oder Informationen entstehen könnten.

Gedruckt auf chlorfrei gebleichtem Papier

ISBN 978-3-440-14694-1
Redaktion: Alice Rieger
Gestaltungskonzept: GRAMISCI Editorialdesign
Gestaltung und Satz: Atelier Krohmer, Dettingen/Erms
Produktion: Eva Schmidt
Printed in Germany / Imprimé en Allemagne

FSC
www.fsc.org
MIX
Papier aus verantwortungsvollen Quellen
FSC® C110508